KB057291

초등 고학년은 한 번뿐입니다

급변하는 초4~초6, 어떻게 대처해야 할까?

초등 고학년은
한 번뿐입니다

나카네 가쓰아키 지음 | 황미숙 옮김

물주는아이

프롤로그

전작 《초3 성적보다 중요한 것이 있습니다 (원제: 小学校最初の3年間で本当にさせたい「勉強」)》에서 초등학교 저학년은 독서, 대화, 놀이, 자주적 생활이 중심이며 주입식 공부는 필요하지 않다고 썼다. 그 생각은 지금도 변하지 않았다. 하지만 자녀가 초등학교 고학년이 되면 조금 달라진다. 부모는 자녀에게서 학습상의 여러 문제를 느끼게 되고, 그에 맞춰 자녀의 진로도 생각하게 된다.

그런데 초등학교 4학년 무렵부터 아이는 갑작스레 부모에게서 자립하려는 마음을 갖는다. 순순히 말을 듣던 초등학교 3학년 때까지와는 달리 부모의 말을 듣지 않거나 반발한다.

나는 지금껏 40년 가까이 주로 글쓰기 학습을 통해 아이들의 성장을 지켜봐 왔다. 초등학교 4학년 무렵의 작은 반항기, 5학년부터 갑자기 어려워지는 공부, 6학년이 되면 직면하는 앞으로의 진로 고민 등 많은 사례를 접하면서 내 나름대로 여러 가지 대책을 생각해 제안해 왔다.

이 책은 고학년 아이들이 공통으로 맞닥뜨리는 문제를 거의 모든 분야에 걸쳐 다루고 있다. 내 생각이 반드시 최선이라고 할 수는 없을 것이다. 더러 내 주관이 상당 부분 개입된 이야기도 있으리라. 그래도 이 책이 초등학교 고학년 아이들의 공부와 생활 면에서 고민하는 부모에게 도움이 되지 않을까 싶다.

나는 기본적으로 '아이들의 성장은 가급적 멀리 바라보고 생각하자'고 주장한다. 멀리까지 보고 생각하면 지금 문제라고 여겨지는 대부분의 일들은 '괜찮은' 것들이다. 지금 여러 가지 문제가 있어도 결국은 '괜찮아진다'는 생각을 하고 나면 자녀 양육이 한결 편해지고, 부모 자신도 더욱 성장하는 즐거운 일이 될 것이다. 자녀가 성장함과 동시에 부모도 육아의 여러 문제를 뛰어넘으면서 함께 성장하는 법이다.

앞으로 세상은 크게 달라진다.

어떤 학교에 진학하든, 어떤 회사에 취직하든, 혹은 어떤 자격을 취득하든 아이가 사회에 나가 활약하게 될 10년, 20년 후에도 '필요한 공부'라고 확신할 수 있는 것은 어디에도 없다. "적어도 ○○만큼은 안심할 수 있어"라고 말하는 사람이 있을지 모르지만 10년 후, 20년 후에는 그 ○○조차도 위태롭다(○○에 무엇이 들어가든 그럴 것이다).

하지만 정말로 중요한 일이 있다. 바로 자녀의 자주성, 창조력, 사고력, 공감력을 키우는 일이다. 사회가 어떻게 변하든 밝고 건강하게 살아갈 수 있는 힘을 길러 주는 것이 앞으로의 교육 목표다. 그러려면 겉으로 보이는 밝음과 의젓함뿐만 아니라, 새로운 것을 창조하고 세상에 기여하며 자기 자신도 늘 새로운 것을 생각하며 살아가는 힘을 키워야 한다.

그리고 이러한 미래를 내다보며 육아를 할 수 있는 곳은 학교도 학원도 아니다. 다른 어떤 교육 기관이 아니라 바로 가정임을 우리는 명심해야 한다. 이 책이 그런 가정의 자녀 양육에 도움이 되기를 진심으로 기원한다.

이 책을 쓰면서 홈페이지나 페이스북을 보신 분, 내가 운영하는 온라인 글쓰기 교실 '언어의 숲'에서 교육받는 학생들의 보호자분들, '언어의 숲' 선생님들, 그리고 내 지인과 가족에게서 많은 의견을 들었고, 큰 도움이 되었다. 또한 출판사의 편집자께서 바쁘신 와중에도 '언어의 숲' 여름 캠프에도 참가해 주시고 책의 내용에 대해서도 많은 조언을 주셨는데, 진심으로 감사드린다.

차례

2장 | 가정 학습으로 학력 키우기

3장 ┃ 열 살부터 시키고 싶은 것, 알려 주고 싶은 것

4장 | 친구 관계와 학교생활

5장 | 자립을 향한 중학교 이후의 생활

1장

미래를 결정짓는
초등 4~6학년 생활

1. 인생에서 매우 중요한 시기 '초등 고학년'

아직 어린 티를 못 벗은 초3

아이들은 초등학교에 들어가도 1, 2학년 때까지는 아직 어린 티를 벗지 못한다. 제 몸보다 큰 책가방을 멘 모습은 '귀여운 초등학생' 그 자체다. 학교에서 이루어지는 학습도 아직 본격적이지 않아서 국어, 수학을 제외하면 예체능과 체험 중심의 통합 교과로 진행된다.

그러다가 3학년쯤 되면 '이제 제법 어린 티를 벗었는걸' 하고 느끼는 부모가 많지 않을까 싶다. 학교에서도 나름대로 본격적인 학습이 시작된다. 하지만 6년 동안의 초등학교 생활을 절반으로 나눈다면 3학년은 아직 전반부다. 여전히 어린 티가 남아 있다는 말이다. 3학년과 4학년을 통틀어 '중학년' 정도로 묶기도 하지만, 사실상 3학년에서 4학년으로 올라가는 것은 초등학교 생활이 후반부에 진입했음

초등 고학년은 한 번뿐입니다

을 뜻한다. 교내에서 언니, 형인 5, 6학년에 가까워짐과 동시에, 그 이후의 중학교 생활도 눈에 들어오기 시작하는 학년이다. 아이들은 이 무렵부터 크게 성장한다.

나는 글쓰기 교실을 운영하는 사람인지라 작문을 예로 들어 보겠다. 가령 글쓰기의 주제만 보아도 고학년이 되는 4학년부터는 저학년 시절과 차이가 난다.

저학년은 있었던 사건을 담담히 사실 그대로 쓸 뿐이다. 그러니 글자 수도 자연스레 길어지는 경향이 있다. 길게 썼다는 사실에 기뻐하는 것이 초등학교 1, 2, 3학년 글쓰기 공부의 특징이다.

물론 아직 손가락 힘이 약한 저학년이기에 모든 아이들이 글을 길게 쓸 수 있는 것은 아니다. 하지만 저학년 아이들 대부분이 가급적 길게 쓰고 싶어 한다.

중학교 이후에 꽃피우기 위한 준비 기간

그러던 아이들이 4학년이 되면 글을 길게 쓰는 데에 점차 흥미를 잃는다. 그러면 아이들의 흥미가 어디로 향할까? 바로 '재미있는 내용을 쓰는 일'로 옮겨 간다.

그리고 이 '재미'의 기준 역시 지적 수준이 높아진다. 저학년 시절에는 똥이나 오줌 같은 말에 반응하면서 깔깔대었다면, 이제는 익살 스러운 말장난의 재미에 눈뜨기 시작한다. 속담에 흥미를 갖기 시작 하는 것도 이 무렵이다.

부모나 선생님의 실수담처럼 권위 있는 어른의 약점을 소재로 삼 는 것이 재미있다고 느끼게 된다. 그래서 초등학교 4학년의 글에는 부모를 웃음거리로 삼는 이야기가 자주 등장한다. 내 아이도 초등학 교 4학년 때 '우리 아빠는 이상한 사람입니다'라는 문장으로 시작하 는 가족들만의 이야기를 재미있게 글로 적은 적이 있다.

이것은 **아이가 자립된 세계관을 가지게 되었다**는 하나의 증거이 기도 하다.

열 살은 이전과 크게 구분되는 나이다. 아기에서 시작한 10년이라 는 시간을 일단락 짓고, 드디어 어른에 가까워지는 때다. 이 시기의 아이들은 다양한 것들을 흡수하고 지적 능력도 향상된다.

한편으로 이 초등학교 고학년 시절은 **중학교에 들어가기 전에 아 직 시간적으로 여유가 있는** 시기이기도 하다.

중학교 학업에 대비하여 5, 6학년 때 공부에 몰두하는 경우도 있 지만, 그렇지 않은 경우에는 여유 있는 생활 속에서 독서를 통해 사 고를 심화시키거나 자신의 취미 분야에서 개성을 키울 수도 있다. 즉 독서와 사고의 수준도 확연히 높아지고, 몸의 성장과 더불어 할 수 있는 일들이 빠르게 늘어난다. 이후의 인생에서 필요한 하나의

토대가 형성되는 귀하고 중요한 시기다. 이 시기에 한 일들은 훗날
큰 재산이 될 것이다.

2. 열 살부터 부모의 말을
듣지 않는다는데, 사실일까?

부모보다는 친구의 비중이 커진다

초등학교 4학년이 3학년과 크게 다른 점은 자기주장이 생겨난다는 데에 있다. 자녀가 4학년이 되면서부터 '반항적인 태도로 변했다', '전혀 말을 듣지 않는다'는 부모들의 이야기를 자주 접할 수 있다. 지금껏 엄마의 말이라면 무엇이든 순순히 듣던 아이가 갑자기 '싫다', '하고 싶지 않다', '나는 그거 말고 이걸 하고 싶다'며 말을 듣지 않기 시작하면 엄마는 당혹스럽다. '왜 갑자기 말을 안 듣게 된 거지?' 하고 고민하게 될 것이다.

'아이들이 열 살쯤 되면서 말을 안 듣는다'는 이야기는 이미 잘 알려져 있다. 부모가 전면적으로 관여해서 통제할 수 있는 자녀의 나이는 열 살까지다. 그렇기에 부모의 말을 비교적 잘 듣는 열 살 이전

초등 고학년은 한 번뿐입니다

의 가정교육이 더욱 중요하다.

초등학교 저학년 시기에는 대부분 부모의 말을 순순히 잘 따른다. 이때는 엄마나 선생님이라는 어른이 모범이 되는 시기로, 아이들은 주로 부모의 뒷모습을 보며 자신의 삶의 방식을 익힌다.

반면 4학년 이후의 아이들은 부모의 말보다 친구에게 관심을 기울이기 시작한다. 이때는 부모와 자녀 중심의 사회관계에서 벗어나 친구라는 사회관계 속에서 살아남기 위해 준비하는 이행 기간인 셈이다.

그러다가 중학생이 되면 친구의 비중이 더 커지고, 고등학생이 되면 이번에는 친구만큼이나 자신의 내면이 중요해진다.

반발은 자립심을 키우는 연습

초등학교 3학년까지는 부모의 말을 잘 듣지만, 4학년부터는 때때로 특별히 큰 이유 없이도 부모에게 반발한다. 이는 아이가 자립심을 키우는 연습을 하는 시기이기 때문이다. 부모의 말이 거슬린다는 이유뿐만 아니라, 자신의 의견을 말하는 힘이 생긴 것을 시험해 보려는 마음에서 부모의 생각에 반대하는 의견을 펼치기도 한다.

부모에 대한 반발은 발달의 한 과정으로 그 자체는 오히려 반겨야 할 일이지만, 더러 정도가 심해서 부모의 말을 전혀 듣지 않는 관계가 되는 경우도 있다. 그중 하나의 큰 원인은 자녀가 말을 잘 듣던 초등학교 저학년 시기에 부모가 과도하게 통제한 탓이다.

애초에 저학년 때는 부모의 지시나 허락 없이 할 수 있는 것이 많지 않다. 아이 역시 부모의 지시를 기대하면서 생활한다. 하지만 이때 부모가 사사건건 너무 지시하고 통제하면 아이는 성장하면서 자신이 부모의 로봇 역할을 한 것에 반발심을 품는다.

대등한 신뢰 관계를 구축할 기회

그렇다면 아이는 이제 영영 부모의 손이 닿지 않는 곳으로 가 버린 것일까? 그만 포기하고 내버려 두는 수밖에 없을까? 절대 그렇지 않다. 이 시기야말로 앞으로의 부모 자식 관계에서 상당히 중요하기 때문이다.

아이는 일방적으로 부모에게 보호받던 기존의 입장에서는 졸업하지만, 머리도 마음도 성장하는 만큼 부모와도 더 대등한 관계를 맺을 수 있다. 이 시기에 자녀와 제대로 마주하면 신뢰 관계를 구축할 수 있다. 즉, 오히려 부모 자식 간에 새로운 관계를 형성하는 커다란 기회인 셈이다.

이 시기에 신뢰 관계를 얼마나 잘 구축하느냐에 따라 중학생 이후

초등 고학년은 한 번뿐입니다

자녀와의 관계성이 달라진다. 자녀가 중학생이 되어 본격적인 반항기가 찾아와도 초등학교 시절에 제대로 관계 형성을 해 두었다면 걱정할 필요가 없다.

3. 4학년은 초등학교 생활의 커다란 전환기

'또래 시대'의 본격화

초등학교 시절의 마지막 3년을 고학년이라고 통틀어 말하기도 하지만, 도입부인 4학년과 그야말로 고학년인 5, 6학년은 또 다르다.

지금까지 이야기했듯이 4학년은 큰 변화를 겪는 시기다. 4학년은 3학년과 함께 중학년으로 묶여 '또래 시대', '전사춘기'라 불리는 시기에 해당한다. 하지만 3학년은 아직 어린 티가 남아 있다. 또래의 집단행동이라고 해 봐야 친구들과 수업 시간에 떠드는 정도의 귀여운 수준이다. 하지만 4학년이 되면 그 내용이 달라진다.

어떤 학교에서는 4학년들의 보호자 모임 첫 시간에 학년 주임이 이런 이야기를 할 정도다.

"4학년은 한창 또래들과 집단행동을 할 때여서 어려운 학년입니

초등 고학년은 한 번뿐입니다

다. 따돌림 등 여러 가지 문제가 생길 겁니다. 마음을 다해서 지도에 임하겠습니다."

실제로 선생님에게 말대답을 하고, 주의를 받아도 무시하거나, 친구들 간에 따돌림, 험악한 싸움 등 다양한 문제가 속속 발생하기도 한다.

4학년은 특히 친구 관계에 문제가 많아지는 연령이다.

공부든 운동이든 '서열'이 분명하게 드러나므로 서로 무시하고 무시당하는 일이 생긴다. 그 결과 스스로 자신감을 잃는 아이도 많아진다. 그렇지만 이 역시 한때의 과정이므로 5학년이 되면 대개는 진정된다.

가장 초등학생다운 학년

4학년과 5학년 이후의 큰 차이는 '추상적인 어휘를 사용한 사고를 할 수 있느냐'에 있다. 가령 '나의 친구'라는 제목으로 글을 쓰는 경우, 초등학교 4학년까지는 친구와 있었던 일을 그저 있는 그대로 쓴다. 하지만 5, 6학년이 되면 글에 '친구란', '우정이란' 같은 추상적인 요소가 들어온다.

학습 면에서도 4학년의 공부가 3학년보다 다소 어려워지기는 해도 본격적인 어려움은 5학년이 된 후에 찾아온다. 추상도가 확연히 높아지기 때문이다. 따라서 4학년 때는 평범하게 교과서에 맞춰 공부하면 성적 면에서는 크게 걱정할 필요가 없다.

4학년에게 일을 추상적으로 파악하는 힘이 아직 없다는 것은 일을 구조적으로 포착하는 힘이 없다는 뜻이기도 하다. 글짓기를 할 때도 4학년까지는 전체의 구성을 먼저 생각하고 쓰는 경우가 거의 없다.

구성을 먼저 생각하는 힘이 생기는 것은 5학년부터라서 초등학교 4학년 무렵의 글쓰기는 생각나는 대로 쓰고, 쓰면서 다음의 흐름을 생각하는 방식으로도 충분하다. 이 4학년 무렵의 글쓰기야말로 아이들이 자유롭게 마음껏 글을 쓸 수 있는 시기의 작문이며, 곧 초등학교 4학년은 아이가 가장 초등학생다운 시기라고 할 수 있다.

4. 5, 6학년은 정신적으로 단번에 어른에 가까워지는 시기

지적 수준이 향상되고
일의 이면을 볼 줄 알게 되는 시기

앞에서도 썼듯이 초등학교 4학년과 5학년의 차이는 5학년이 더욱 추상적인 사고를 하게 된다는 점에 있다. 5학년이 되면 4학년 때처럼 일의 표면만을 보던 시각에서 벗어나, 그 일의 배후에 있는 내면적인 것에 눈을 돌릴 수 있게 된다. 이것이 바로 5학년의 특징이다.

겉모습을 아는 것뿐만 아니라 이면의 본질에 가까운 내용을 알 수 있게 되면 그 힘을 시험해 보고 싶어 하기도 한다. 예를 들어 5, 6학년 중에는 작문을 할 때 거짓말을 쓰는 아이가 있다. 그 거짓말은 이야기를 재미있게 만들기 위한 지나친 각색 같은 것인데, 그러한 거짓말을 보고 대개의 부모는 놀란다. 하지만 이때의 거짓말은 어른들이 생각하는 의미의 거짓말이 아니라, 거짓된 혹은 과장된 이야기를 적을 수 있게 된 자신의 힘을 시험해 보려는 느낌의 거짓말이다. 가령 한 아이가 글을 썼는데, 엄마가 없을 때 직접 요리를 만들었고, 그것이 고급 식당에서 먹는 것처럼 굉장히 호화로운 메뉴여서 만들기 힘들었다는 식이다. 그 아이가 실제로 만든 것은 간단한 채소 볶음이었다. 부모는 초등학교 5, 6학년 시절이 그런 거짓말을 해 보고 싶어 하는 때임을 이해해 줄 필요가 있다.

거짓말이나 따돌림이 생기기 시작하는 시기

앞선 작문의 거짓말은 그냥 웃을 수 있는 정도지만, 일의 내면을 알게 된 아이들 사이에서는 따돌림 같은 일들이 생기기도 한다. 4학년 때 일어나는 비교적 단순한 형태의 배제나 싸움과는 다른 따돌림 말이다.

따돌림이 많아지는 때는 초등학교 5, 6학년부터 중학교 1, 2학년 때까지다. 중학교 3학년이나 고등학생이 되면 따돌림은 줄어든다. 왜냐하면 인간의 내면성이 연령이 높아짐에 따라 더 고도로 성장하기 때문이다.

초등학교 5, 6학년은 내면이 성장하기 시작하는 때다. 그 내면성은 사실 인간이 성장하고 있다는 표시지만 부정적인 면이 드러나기

초등 고학년은 한 번뿐입니다

도 한다. 그중 하나가 거짓말이며, 또 다른 하나가 따돌림이다.

초등학교 4학년 때까지는 나쁜 짓은 나쁜 짓이니까 하면 안 된다는, 모순 없는 사고방식으로 살아간다. 하지만 5학년부터는 나쁜 짓이 나쁘다는 것을 알지만, 그 나쁜 짓도 하려고 마음먹으면 할 수 있는 자신을 알게 되는 일종의 발견을 한다.

이것이 바로 내면성이 발달하기 시작하는 시기에 나타나는 부정적인 면이며, 이에 대처하려면 아직 내면성이 나오기 전인 4학년 때까지 '사전 교육'을 해 두는 것이 중요하다. 여기서 사전 교육이란 일본 에도 시대의 유학자 가이바라 에키켄(貝原益軒)이 《화속동자훈(和俗童子訓)》이라는 저서에서 썼던 용어다.

예를 들어 거짓말을 하면 안 된다, 사람을 속이는 일은 옳지 않다, 남을 따돌리는 것은 나쁜 일이다 등 지극히 당연한 가르침을 초등학교 4학년 때까지 미리 말로 알려 주는 식이다. 즉 사전 교육 이론의 원리는 그럴 걱정이 전혀 없는 시기에, 그럴 걱정이 전혀 없는 아이에게 미리 이야기해 두는 것이 나중에 효과를 발휘한다는 것이다.

사전 교육을 해 두면 내면성이 발달하는 5, 6학년 시기에도 그 내면성을 좋은 방향으로 살릴 수 있다. 이 사전 교육이야말로 자녀 교육에서 공통적으로 적용되는 방법이다.

사태가 벌어진 후에 대처를 생각하는 것이 아니라, 사태가 일어나

기 전 아직 그럴 필요성이 없는 시기에 미리 준비해 두는 것이 바로
사전 교육이다.

초등 고학년은 한 번뿐입니다

5. '안 돼!', '이렇게 해'는 효과가 없다

게임 시간을 제한하는 이유를 설명하라

아이에게 무언가를 지시하고 싶을 때 '안 돼!', '이렇게 해'라고 하며 말을 듣게 하는 방법은 간단하다. 부모도 바쁘다 보니 아이가 말을 들었으면 할 때 이렇듯 간단히 명령하는 방법으로 끝내는 경우가 적지 않다.

하지만 초등학교 4학년이 되면 부모의 지시만으로는 행동하지 않는다. 큰소리를 낼 수도 있겠지만, 가장 바람직한 것은 한 사람의 어른을 대하듯이 아이에게 잘 이야기하는 것이다. 그저 강제적으로, 혹은 보상 등으로 꾀어서 지시하는 방법을 사용하는 대신, 분명한 이유를 전달하여 납득시키라는 뜻이다. 초등학교 4학년부터는 그것이 가능하다.

'안 되는 건 안 돼'가 아니라 어째서 안 되는지, 왜 이것을 해야만 하는지, 아이를 대등한 상대로 보고 이야기하는 것이 중요하다.

예를 들어 게임을 하는 시간이나 인터넷을 하며 노는 시간을 제한하는 경우, 그 이유를 차분히 설명하면 된다.

과장되게 들릴지 모르겠지만, 인간이 이 세상에 태어난 의미부터 시작해서 인생의 시간은 한정되어 있다는 것, 즐거운 시간은 필요하지만 그 시간에 휩쓸리지 않고 어린 시절에 시간을 소중히 여기는 자세를 배움으로써 어른이 된 후에도 의미 있는 일을 할 수 있게 된다는 것 등의 이야기를 길고 차분하게 설명해 주는 것이다. **아이는 일의 중요성을 설명의 길이로 받아들이는 경향이 있다.** 부모가 길게 설명하면 더 잘 지키려고 한다.

그렇게 해도 결정한 약속을 깨거나 금지한 일을 해 버릴 때는 야단을 치게 되는데, 훈육은 짧게 마무리하는 것이 중요하다. 혼이 날 때 아이의 마음은 위축되기 때문이다.

"그렇게 이야기했는데 지키지 않으면 어떻게 하니!" 하고 엄하게 야단친 후에 아이가 풀이 죽어 있으면, 웃으며 "엄마도 어릴 때는 자주 그래서 혼이 나곤 했지만 말이야"라고 말해 분위기를 바꿔 아이를 안심시키는 것이 좋다. 그래도 훈육의 효과는 충분히 남는다.

'보호자' 보다 '상담자' 가 되어라

자녀가 열 살이 넘어가면 부모는 보호자라기보다 상담자의 입장으로 돌아서는 것이 이상적이다. 일방적으로 지시와 명령을 하는 상하 관계가 아니라 대등하게 이야기하는 관계 말이다. 그렇게 하면 아이는 자신의 머리로 생각하게 되고, 자립심을 키울 수 있다.

다만 훈육하는 부분에 대해서는 꼭 그렇게 생각할 필요 없다. 가정교육과 훈육은 부모가 완고하게 일관성을 지키는 데에 의미가 있기 때문이다.

규칙의 기준은 가정에 따라 제각각이지만, 부모가 가정의 규칙으로 정한 것은 무슨 일이 있어도 아이에게 지키게 하는 방법이 좋다. 가령 다른 사람을 만나면 인사하기, 현관에서 실내로 들어올 때는 신발을 가지런히 정리하기, 걸으면서 음식을 먹지 않기, 윗사람에게 공손하게 말하기 등이다.

아이는 무언가를 하고 싶지 않을 때 금방 '왜?', '어째서?'라고 말한다. '왜 그런 일을 해야만 하는 거야'라는 식이다. 하지만 거기서 아이의 질문에 이유를 설명하려고 하는 것은 좋은 방법이 아니다. 가정교육 대부분은 특별한 이유로 설명할 수 있는 것이 아니기 때문이다. 그러니 가정교육 측면에서 지켜야 할 일들은 부모가 이유 없이 완고하다고 여겨지게 하는 편이 아이의 성장에 도움이 된다.

'억지로 시키는 부모가 있어야 아이가 자란다'는 말이 있다. 아이에게 억지로 시킨다는 것은 물론 장시간 공부를 시키라는 이야기가 아니다. 가정교육상 반드시 가르쳐야 할 부분에 대해 억지로라도 시켜야 한다는 말이다.

부모가 어떤 일에 대해 완고하면 아이는 성장하면서 점차 그 가치를 알게 된다. 그리고 그저 잘해 주기만 한 부모가 아니라 제대로 가르쳐 준 부모였다는 사실에 감사하게 된다.

아이와 대등하게 이야기하는 상담자이면서, 한편으로는 엄하게 가정교육을 하는 것. 그것은 결코 모순되는 일이 아니다.

6. 공부는 적당한 정도가 좋다

초등학교 시절의 성적으로
승패가 결정 나지 않는다

학생의 보호자와 이야기하다 보면 어느 부모나 자녀 교육에 대해 한 가지 갈등을 겪고 있음을 알게 된다.

자녀가 어린 시절에 아이답게 많이 놀기를 바라면서도 지금 시대에 일찍부터 학원에 보내 공부를 시키지 않으면 성적 면에서 남들에게 뒤처지는 것이 아닐까 하는 갈등 말이다.

이런 학습 중심의 가치관, 즉 성적이 자녀의 행복한 인생에 큰 기준이라는 가치관은 요즘 사회의 특징이라고도 할 수 있다.

아이의 공부는 역사적, 사회적인 것으로 지금 아이들의 학습 환경이 오히려 특수하다고 여겨야 한다.

초등학교 교육의 성과는 크게 생각해 어떤 사회인이 되었는지를 고려해야만 올바르게 평가할 수 있다. 지금 당장은 좋은 대학에 들어가는 것이 목표겠지만, 그것은 결코 최종적인 목표가 아니며 단지 사회인이 되기 위한 입구에 불과하다는 점을 명심해야 한다.

막연하게나마 많은 이들이 초등학교 시절에 성적이 좋았는지 아닌지가 그 후에 사회인으로서의 생활과 그리 연결되지 않는다는 사실을 느끼고 있다. 열 살에 신동이라고 불리던 아이가 열다섯 살에는 공부를 잘하는 아이가 되었다가, 스무 살에는 보통의 사람이 되는 사례는 의외로 많다. 하지만 부모로서는 아이의 초등학교 시절을 평가하는 데 성적이라는 형태만큼 분명히 드러나는 것이 없다. 그래서 아이의 대학 입학을 당면의 목표로 간주하는 것이다. 그 아이가 30대, 40대가 되었을 때의 인생을 생각해 보는 것이 중요한데, 그 무렵의 인생과 초등학생 시절이 어떻게 이어지는지를 모르기 때문에 일단은 초등학교 시절의 성적과 연결하기 쉬운 대학 입학을 목표로 삼는다.

초등학생 시절부터 학원에 가고, 놀고 싶은 마음을 참으며 열심히 공부하여 훗날 나름대로 좋은 대학에 들어갔는데 사회에 나와 보니 초등학교 때 놀기만 하던 친구가 자신과 같은 곳에서 일하고 있다는 사실에 놀랐다는 이야기를 자주 듣는다.

그렇다면 초등학교 시절의 그 가혹한 수험 공부는 과연 무엇이었는가? 그저 멀리 돌아온 것뿐이라는 생각만 든다는 이야기다.

고등학생 때 전력을 다해도 된다

초등학교 때는 방법만 알면 누구나 좋은 성적을 받을 수 있다. 성적의 좋고 나쁨은 공부 방법과 공부 시간에 달려 있을 뿐이며, 실제로 실력을 키우고 있는지는 보이지 않는다.

그러니 오히려 고등학생이 된 후에 자신이 자각하고 공부에 전력을 다하여 키우는 학력이야말로 어린 시절 공부의 진짜 목적이 되어야 한다. 고교 시절의 학력을 지탱하는 힘을 만드는 것이 초등학교 시절의 공부라고 생각해야 한다.

그러기 위해서는 어떤 것이 필요할까? 아마도 학원 공부에 빠져 사는 것과는 어떤 의미에서 정반대의 삶일 것이다.

첫째로 공부에 대한 긍정감이다. 공부는 괴로운데도 참으면서 하는 것이 아니라 본래 재미있다는 느낌을 갖는 것이 중요하다.

둘째로 자신의 관심사와 개성을 키우는 일이다. 입시 공부는 자신의 특기 분야를 키우기보다는 부족한 과목을 메우기 위해 힘을 쓰며 종합적인 성적을 올리는 일이 목표가 되므로, 어떤 의미에서는 개성을 키우는 것과 정반대의 공부라고 할 수 있다. 하지만 정말로 중요한 것은 입시를 넘어서 자신의 특기 분야를 심화하는 일이다.

셋째로 독서 습관을 기르고, 독서 수준을 높이는 일이다. 입시 공부에서는 독서가 성적에 직접적인 영향을 주지 않는다는 이유로 뒤로 밀리기 십상이다. 하지만 아이의 사고력의 토대가 되는 것은 공부보다는 독서다.

넷째로 자기 나름대로 생각하고 고민하는 사고력을 키우기 위한 시간적 여유를 가지는 일이다. 입시 중심의 공부에서 성적을 올리려면 시행착오의 시간을 가급적 줄이고 모범 답안대로 생각하는 것이 요구된다. 하지만 사회에 나갔을 때 정말로 도움이 되는 것은 자신의 사고력이다.

이런 것을 생각해 보면, 아이가 고등학생이 되었을 때 필요한 학력을 갖추기 위해서는 입시 중심의 공부와는 정반대로, 아이다운 여유가 있는 생활의 초등학교 시절을 보내야 한다.

입시로 인생이 결정되는 것은 아니라는, 보다 넓은 시각을 가질 필요가 있다. 특히 지금 성적이 좋은 아이일수록 그 성적에 머무르지 않고 사고력과 창조력, 공감 능력을 키우고, 아이의 개성적인 흥미를 키우는 데 힘을 써야 한다.

7. 독서의 중요성

독서는 가장 큰 공부다

더러 이런 사람의 이야기가 화제가 된다.

초등학교 시절에 병에 걸리거나 다른 어떤 사정이 있어서 학교에 전혀 다니지 못한 사람이 중고등학생이 되더니 갑자기 마음먹고 공부를 시작해서 실력을 키우고, 그때까지 학교를 다닌 아이들보다 월등한 학력으로 희망하던 대학에 합격했다는 이야기다.

어째서 이런 일이 생기느냐면 어린 시절은 원래 사고력이 자연스레 자라는 시기인데, 그런 사고력에는 공부를 통해 생각하는 힘도 있고, 놀이를 통해 생각하는 힘도 있으며, 독서나 대화를 통해 생각하는 힘도 있기 때문이다.

생각하는 힘만 있으면 공부의 지식이나 기능은 아주 단기간에 습득할 수 있는 셈이다.

　이처럼 공부다운 공부를 하지 않았는데도 공부에 흥미를 갖기 시
작하자 실력이 붙는 아이들에게는 공통된 요소가 있다. 바로 독서를
즐겼다는 사실이다.

　물론 예외도 있겠지만 책을 읽으면서 길러지는 사고력은 공부나
놀이를 통해 키우는 사고력과 조금 다른 면이 있다. 글로 쓰인 말을
통해 익히는 사고력이기 때문이다.

　아이들은 공부나 놀이를 하면서도 말을 사용하여 매사를 생각한
다. 운동이나 음악에 매진할 때도 인간은 말로 생각하고 느끼면서
신체 동작을 하는 면이 있다. 운동이나 음악 그 자체가 아닌 그 배후
에 자리한 말을 통해 인식이 흐르고 있는 느낌을 주는 것이다. 그리
고 그 말을 통해 생각하는 사고력이 가장 직접적으로 나타나는 것이
바로 독서다. 책을 읽으면 사고력, 즉 말을 통해 보고 느끼고 생각하
는 힘이 자란다.

거친 중학교 생활에도
휩쓸리지 않게 한다

'아침 시간 10분의 독서'는 일본 전국의 초·중·고를 통틀어 2만
434개 학교에서 이루어지고 있다고 한다(2017년 5월 1일 아침독서추

진협의회 조사 결과).

이 '아침 시간 10분의 독서'에 바탕을 둔 몇몇 조사를 통해 알게 된 사실이 있다. 그중 하나는 학교에서 독서 시간을 마련하면 아이들의 성적이 오른다는 조사 결과다. 또 하나는 중학생의 경우, 학교에서의 독서가 아니라 가정에서의 독서량 차이가 성적과 상관관계를 보인다는 것이다.

사람에 따라서 책 읽을 여유가 있다면 공부를 하는 편이 낫다고 여길 수도 있다.

책에는 만화에 가까운 스토리 중심의 가벼운 책부터, 철학적인 사고를 필요로 하는 무거운 책까지 다양한 종류가 있으니, 책을 읽는 것이 학력에 얼마나 도움이 되는지 일괄적으로 말할 수는 없다. 그렇지만 글로 쓰인 말을 통해 생각하는 시간을 갖는 독서라는 것이 아이들의 학력을 키우는 토대가 된다는 점만은 충분히 생각해 볼 수 있다.

내가 지금까지 경험한 바에 따르면 독서를 즐기는 아이는 대부분 생각이 깊었다. 같은 것을 보아도 다양한 관점으로 바라볼 수 있는 것이다.

중학교에 진학한 후 나쁜 환경에 잘 휩쓸리는 아이는 독서를 멀리한 경우가 많다. 독서를 하는 아이는 자신의 내면세계가 있어 주위의 영향으로부터 쉽게 흔들리지 않고 독립된 삶을 사는 경우가 많다. 심지어 나는 책을 좋아하고 사고력이 있는 아이는 평온하고 무사한 환경보다도 오히려 좋지 않은 환경에 있는 편이 더 많은 것을 배우지 않을까 생각하기도 한다.

도호쿠대학의 가와시마 류타(川島隆太) 교수의 최근 조사에 따르면 독서를 많이 한 아이는 짧은 시간에 성적이 향상됐으며, 독서를 하지 않은 아이는 오랜 시간을 들이지 않으면 성적을 올리기 힘들다는 결과가 나왔다. 이는 학습 능력이라는 것이 단순히 교과서나 참고서뿐만 아니라, 그 공부의 토대가 되는 독서의 뒷받침이 있어야 한다는 사실을 보여 준다.

앞으로 "공부할 시간 있으면 책을 읽어라"라고 하는 어머니들이 늘어나기를 기원해 본다.

8. 부모의 인생관을 전해 줄 절호의 시기

어린 시절의 일화를 이야기해 주자

초등학교 시절은 자녀에게 부모의 인생관을 이야기해 줄 절호의 시기지만 대개는 그런 이야기를 실제로 해 주기가 어렵다. 나 역시 어릴 때 식사 시간마다 아버지께 전쟁 중과 후의 여러 일화에 대해 전해 들었지만 아버지에 대해 자세히 알게 된 것은 훨씬 이후의 일이다.

아버지는 나이가 들자 자주 고향인 기후현의 시골에 가고 싶어 하셨고, 그곳에서 무언가 행사가 있으면 일 년에 꼭 한 번은 들르셨다. 그렇게 몇 년이 이어졌는데 요코하마에서 나고야를 지나 기후까지 가는 데는 차로 네 시간 정도 걸렸다. 그 무렵에는 아버지가 다리도

심장도 약해지셔서 역의 계단을 오르내리기가 힘들어 차로 가는 수밖에 없었다. 평지를 걸을 때도 자주 멈춰 서서 숨을 골라야만 하는 상태였고, 말씀하시는 내용도 주제를 벗어날 때가 잦았다. 그럼에도 네 시간이나 걸리는 차 안에서 여러 가지 이야기를 들었다. 아버지의 어린 시절부터 청년 시절까지 돌아오지 않을 추억 이야기였는데, 처음 듣는 이야기가 많아서 이때 비로소 아버지가 살아오신 역사를 알 수 있었다.

그 이야기 중에는 이런 것도 있었다. 전쟁 중에 중국 사람들의 연회에 초대되어 따라 주는 술을 마시다가 인사불성이 되어 거처로 돌아왔는데 아침에 일어나 보니 군도가 없어진 것이다. 깜짝 놀라 허둥지둥 칼을 찾고 있는데 여자아이 두 명이 와서 "이거 귀한 것 같아서 저희가 챙겼어요"라고 하며 전해 주었다는 이야기였다.

아버지는 그런 이야기들을 기억을 더듬어 가며 몇 시간이고 그리운 듯이 들려주셨다.

그때까지 들어 본 적이 없는 아버지의 젊은 시절 이야기를 들으며 함께 시간을 공유한 것이 내가 아버지께 해 드린 몇 안 되는 효도가 아니었을까 싶다.

중학생 때는
이런 기회를 얻기 어렵다

생각해 보면 일본의 부모들이 자녀들에게 자신이 살아온 이야기를 하고 그 경험을 전해 줄 기회는 대부분의 가정에서 거의 없지 않을까 싶다.

하지만 아버지와 어머니의 이런 이야기는 아이들에게 전해져야 한다.

아이는 초등학교, 중학교까지는 현실의 소박한 현상 세계를 산다. 날이 맑으면 기분이 좋고, 비가 오면 싫고, 여름은 덥고, 겨울은 춥다고 여기며 사는 것이다. 하지만 추상적인 사고가 성장하는 초등학교 고학년이 되면 비에도 지지 않는 삶의 방식이나 겨울의 추위를 이기는 삶, 매사에 현상을 뛰어넘어 정신적으로 바라보는 법을 배울 수 있다. 이것을 추상력의 성장이라고도 한다. 부모가 자녀에게 말하는 것은 대부분이 일상생활의 필요에 따라 이야기하는 내용이니, 현상의 표면적인 이야기로 시작해서 그걸로 끝난다. 하지만 자녀가 초등학교 고학년이 되고 추상적인 사고를 할 수 있게 되면 부모의 인생관을 자신의 체험을 통해 전해 주어야 한다.

아이가 중학생이 되면 부모가 자녀에게 자신의 인생의 이야기를 할 기회는 거의 없어진다. 자녀 자신이 스스로 새로운 인생을 만들어 가는 데 정신이 없는 시기이므로, 부모의 인생관을 듣는 일은 피하고 싶어 하기 때문이다.

사전 교육을 생각한다면 자녀가 자신의 새로운 삶의 방식을 형성하려고 하는 중학생 시기에 들어가기 전 단계에 부모의 인생관을 이야기해 줄 필요가 있다. 하지만 초등학교 3학년까지는 그런 이야기를 충분히 들을 정신 연령이 아니므로, 초등학교 5, 6학년 때야말로 부모가 자녀에게 여러 가지 가치관과 삶의 방식을 전해 줄 기회라고 하겠다.

초등 고학년은 한 번뿐입니다

2장

가정 학습으로
학력 키우기

1. 공부가 어려워지는 고학년도 가정 학습으로 극복할 수 있다

스스로 해법을 보면서 문제집을 푸는 스타일

초등학교 4학년부터 공부가 조금씩 어려워지고 5학년이 되면 급격히 어려워진다. 그래서 공부가 어렵다, 잘 못하겠다는 아이들이 갑자기 늘어난다.

초등학교 3학년까지는 학습의 기초를 배우는 시기이므로, 받아쓰기나 계산 연습처럼 빠르고 정확히 할 수 있는 일들이 목표인 내용이 주를 이룬다. 이런 기초를 익히는 공부는 중요하지만, 너무 거기에만 적응해 버리면 반대로 고학년이 된 후에 응용 공부로 전환하기 어려운 경우도 있다.

초등 고학년은 한 번뿐입니다

초등학교 1학년부터 4학년까지의 공부는 내용이 쉬우므로, 여러 모로 재미를 가미한 교재가 많이 나와 있다. 그러면 재미있는 교재들을 차례차례 푸는 공부 스타일을 갖게 되기도 한다.

3학년까지의 공부는 정답을 낼 수 있는 문제가 대부분이고, 틀린 문제도 원인을 알면 금세 바르게 풀 수 있는 것들뿐이다. 그러니 한 번만 풀고 나면 끝인 문제집을 푸는 공부 방식으로도 문제가 없지만, 초등학교 고학년이 되면 한 번만으로는 풀리지 않는 어려운 문제가 나온다.

한 권의 문제집을 풀리지 않는 문제를 남긴 채로 끝내고 다음 새 문제집을 푸는 스타일의 공부를 하면, 새로운 문제집 역시 풀리는 문제와 안 풀리는 문제를 기계적으로 풀게 되고, 공부 시간은 점차 길어진다.

문제집에는 반드시 풀어야 하는 문제만이 아니라, 답을 보고 확인하기만 하면 되는 문제나 풀지 않아도 알 수 있는 문제도 있다. 그러니 문제를 풀 때 해답을 바로 옆에 두고 문제와 답을 맞춰 보면서 공부를 하고, 푸는 방법을 모를 때는 금방 답을 보고 해법을 이해하는 스타일의 공부도 도움이 된다.

중학교 3학년까지는
부모가 공부를 봐주자

초등학교 고학년이 되면 아이가 물어봐도 부모가 답을 하기 힘든 문제가 등장한다. 실은 이때가 중요하다.

많은 부모들이 이때 자신이 알려 줄 수 없으니 학원에 맡기려고 한다. 하지만 여기서 부모가 손을 떼면 이후에 자녀의 공부 내용으로 되돌아가기는 훨씬 더 어려워진다. 휴일을 이용해서라도 자녀가 풀지 못한 문제를 해법을 보고 이해하려고 하면 부모는 그동안 해온 공부와 삶의 지혜가 있어서 대부분은 자녀에게 가르쳐 줄 수 있다. 이런 공부 방법을 계속해 나가면 자녀가 중학교 3학년이 될 때까지 공부 내용을 봐줄 수 있다.

부모가 자녀의 공부 내용을 이해하는 것은 아이의 공부 능률을 올리는 데 가장 좋은 방법으로, 학원에 맡기고 아이의 공부 내용을 점수로밖에 알지 못하는 상황에 비하면 훨씬 빨리 아이의 학습을 개선할 수 있다.

나의 고교 시절, 물리 선생님께서 어느 날 이런 말씀을 하셨다.

"이런 문제를 지금 너희는 어렵다고 생각할지 모르지만, 스무 살이 되면 누구라도 간단히 알게 될 거다."

나이에 따른 이해력의 진보가 있으므로, 어려운 문제에 부딪혔을 때 부모가 자녀보다 빨리 이해할 수 있다는 것이다.

어려운 수학 문제도 익숙해지면 풀 수 있다. 어려운 국어 문장도 익숙해지면 읽을 수 있게 된다. 모든 문제는 익숙해지면 풀 수 있다는 점에서 바라보면, 아이도 편하고 부모도 느긋하게 대할 수 있다.

이해를 해야만 할 수 있다고 생각하면 아이는 금세 자신은 못한다고 말하게 되고, 부모는 하루 만에 이해시키려 들면서 긴 시간 주입하는 방식으로 공부를 가르치게 된다. 그러나 익숙해지면 할 수 있게 된다는 것을 알면 첫날에는 가볍게 알려 주고, 다음 날에도 다시 가볍게 가르쳐 주는 식으로 사흘이고 나흘이고 알려 주면서 자연스레 해내도록 도울 수 있다.

2. 국어 공부법

읽고 쓰기를 철저히 하기

국어 공부는 국어 성적 향상을 위한 것이라기보다는 학력의 기초가 되는 국어 실력을 키우기 위한 것이라고 생각해야 한다.

이 경우의 국어 실력이란 한마디로 국어를 제대로 읽고 쓰는 것을 말한다. 초등학교 교육의 목적은 글자를 잘 읽고 쓸 수 있도록 하는 것과 수학 계산의 기초를 닦는 것에 있다고 할 수도 있겠다. 나머지 공부는 필요성이 있을 때 하면 충분하기 때문이다.

초등학교 1학년에서 4학년 때까지는 국어 실력이라고 하면 글자를 읽고 쓰는 능력이라고 보면 된다. 글자를 제대로 읽고 쓰는 것은 이후 국어 실력의 기초를 형성한다.

글자의 읽기와 쓰기는 공부 방법이 조금 다르다.

먼저 읽기 능력은 주로 독서를 통해 길러진다. 그러니 그림책부터 시작해 글이 많아지는 책 순으로 독서할 기회가 늘어나면 읽기 공부를 따로 하지 않아도 자연히 실력은 향상된다.

하지만 쓰기 공부는 독서를 통해 글자를 읽을 수 있게 되는 것만으로는 충분하지 않다. 독자적으로 쓰기 공부를 했을 때 성적이 훨씬 잘 오른다. 단, 독서를 통해 글자를 잘 읽게 된 아이는 쓰기도 빠르게 습득하는 경향이 있다.

다독과 정독으로 깊이 있게 독서하기

국어 공부의 본질은 어려운 글을 읽고 쓸 수 있게 되는 데 있다. 즉 어려운 것을 생각할 수 있게 되는 것을 말한다.

그러니 책을 읽어야만 한다. 이해력이 높아지는 초등학교 4학년 이후에는 점점 더 독서가 중요해지며 독서의 깊이와 폭이 넓어진다.

독서에는 다독과 정독이 있다.

다독이란 말 그대로 '많이 읽는 것'이다. 많은 책을 읽는 것은 지식을 늘린다는 면과 스스로 글을 쓸 때 문장이 매끄러워진다는 면에서 효과적이다. 정독이란 같은 책을 거듭해서 자세히 읽는 것을 말한다. 반복해 읽으면 생각하는 힘이 자란다.

초등학교 시절의 독서는 이 두 가지 방법이 필요하며 특히 몇 번이고 되풀이해서 읽고 싶어지는 책의 존재가 중요하다.

몇 번이고 읽고 싶어지는 책은 초등학생의 경우 설명문인 경우가 많다. 스토리가 있는 책은 결말을 알고 나면 그다지 반복해서 읽고 싶어지지 않는다. 하지만 설명 중심으로 쓰인 책은 수시로 펼쳐 보게 된다.

최근에는 어린이용 과학 서적으로 저학년부터 읽을 수 있는 설명문의 책이 많이 나와 있다. 스토리 중심의 책과 병행해 이런 설명문의 책을 반복해서 읽는 독서를 하면 아이들의 사고력이 균형을 이루며 성장한다.

3. 수학 공부법

수학을 '싫어하지 않는' 수준 유지하기

수학은 성적 차이가 나기 쉬운 과목이다. 수학 공부에 힘을 쏟으면 계산 감각이 몸에 익는다. 수학적인 감각이란 이론대로 하면 반드시 정답에 도달할 수 있다는, 매사에 대한 확신 같은 것이다. 어린 시절에 수학을 싫어하게 되면 대학 입시에서 선택의 폭이 좁아진다.

나중에 통계와 확률을 사용해 사회에서 활용할 가능성도 생각해서 수학을 싫어하지 않는 수준으로 유지하는 것이 중요하다. 잘하는 수준은 아니어도 아주 못하거나 싫어하지는 않게 하는 것이 좋다.

수학의 가장 중요한 기초는 빠르고 정확한 계산이다. 일반적으로 입시 수학에서도 계산 실력이 꽤 필요하다. 계산을 잘하는 학생은 그만큼 수학 문제를 풀 때 상당히 유리한 입장에 선다고 볼 수 있다. 초등학교 저학년 때는 물론이고 고학년이 되어서도 계산 실력을 갈고닦는 것은 중요하다.

반복하면 어떤 문제라도 풀 수 있다

고학년이 되면 수학에 생각을 해야 하는 요소가 들어오므로 문제가 갑자기 어려워진다.

가령 '다른 시간 간격으로 출발하는 전철이 어떤 시각에 동시에 출발하여, 몇 분 후에 다시 동시에 출발하게 되는지를 최소공배수로 구하라'는 문제라든지, '삼각형 내각의 합이 180도인 것을 이용하여 임의의 다각형의 내각의 합을 구하라'는 문제 등이다.

해법을 이해하면 누구라도 풀 수 있는 문제지만, 해법을 배우지 못한 상태에서 어려우니까 모르겠다고 생각해 버리면 수학 시간이 점차 괴로워진다. 실은 이런 아이들이 의외로 많다.

수학은 해법을 배우거나 스스로 이해한 후에 반복해서 같은 문제를 연습하면 처음에는 어려워 보이던 것도 점차 조건반사적으로 풀수 있게 된다.

그러니 아이가 수학을 싫어하게 되기 전에 풀지 못한 문제를 가정에서 빨리 알려 주어야 한다.

이 경우에 가정에서 가르쳐 주는 것이 중요하다. 학교나 학원 선생님이 가르쳐 주면 아이는 속마음을 솔직하게 말하기가 어려워서 잘 모르는 것도 알았다고 해 버리기 쉽기 때문이다.

문제집에 풀지 말고 노트를 이용하라

한 권의 문제집에서 못 푼 문제를 반복해서 푸는 것이 중요한 이유는 앞에서 말한 대로다. 이때 문제집은 상세한 해설과 해답이 적혀 있어야 하는 것이 조건이다.

예전에 사립초등학교 6학년 아이가 학교 선생님이 내 준 문제를 가져온 적이 있다. 언뜻 쉬워 보여서 풀려고 했지만 아무리 생각해도 푸는 방향이 달랐는지 복잡해지기만 했다. 나중에 답을 보니 너무 쉬운 방법으로 풀 수 있었다. 그날 이후로 그렇게 퍼즐 같은 문제는 해법 없이는 가르치지 않기로 했다. 어려운 수학 문제는 해법이 없는 상태에서 아무리 생각해 본들 시간 낭비인 경우가 많다.

한 권의 문제집을 반복해서 풀기 위해서는 문제집에 답을 적지 말고, 노트에 문제 번호와 계산, 답을 적도록 하자. 답을 쓴 노트에 ○, ×를 표시하고, 틀린 문제만 올바른 답과 해법의 핵심을 적어 둔다. 문제집에는 못 푼 부분에만 ×, △ 표시를 해 두고 그 부분만을 반복해서 풀어 보면 된다.

계산 문제는 도중에 계산을 암산으로 끝내 버리는 게 아니라, 실제로 종이 위에 계산해 보아야 한다. 머릿속에서 이루어지는 암산은 계산에 능한 아이가 아니면 실수를 할 가능성도 크기 때문이다.

이는 도형 문제를 풀 때도 마찬가지다. 머릿속으로만 생각하지 말고 자신이 생각한 것을 아직 어떻게 풀지 모를 때라도 일단 손으로 써 보는 것이 좋다. 가령 선분 같은 것을 그려 보기만 해도 문제는 상당히 쉬워질 수 있다. 표나 그림, 또는 선분을 그리는 방법 등 어떤 형태라도 괜찮으니 일단은 손을 움직여 보는 것이 중요하다.

초등 고학년은 한 번뿐입니다

4. 과학·사회 공부법

교과서를 다섯 번 읽자
과학 성적이 향상된 아이

과학 과목의 공부는 둘로 나뉜다. 하나는 읽고 이해하는 지식적인 공부, 다른 하나는 수학적인 계산과 도형 공부다.

수학적인 공부는 주로 천문이나 물리학 분야의 공부다. 차이가 나기 쉬운 것은 지식적인 공부보다도 수학적인 공부 쪽인데, 둘을 골고루 공부하는 것이 좋다.

지식적인 공부에 관해서는 교과서를 반복해서 읽는 것이 가장 좋은 방법이다. 예전에 초등학교 6학년 학생의 부모로부터 "아이가 과학 과목에 약한 것 같아요"라는 이야기를 듣고 교과서를 몇 번이고 반복해서 읽히라고 대답했더니, 바로 다음번 시험에서 성적이 급격히 좋아졌다는 소식을 들었다.

이 공부법은 아주 단순해서 별것 아닌 듯이 보일지도 모르지만, 교과서를 반복해서 읽는 것은 과학 과목뿐만 아니라 모든 교과 공부에 공통되는 커다란 원칙이다.

반복해서 읽는다는 것은 다섯 번 이상 읽는 것을 말하며, **읽으면서 스스로 중요하다고 생각하는 부분에 밑줄을 치도록 한다.**

과학에서 문제집을 푸는 공부는 시간이 걸리는 것치고 잘 이해되지 않는다. 그것은 문제를 푸는 작업 자체에 시간이 걸리기 때문이다. 그리고 문제를 푸는 공부는 결국, 맞힌 문제는 풀지 않아도 아는 문제이기 때문에 그 문제를 푸는 건 그저 시간을 낭비하는 것에 가깝다.

못 푼 문제는 풀 수 있을 때까지 반복해서 공부하는 것이 중요한데, 많은 문제를 풀어야 공부를 했다고 느끼므로, 한 문제를 반복해서 풀며 이해하려는 아이는 드물다.

이처럼 문제집을 푸는 공부법은 공부의 내용으로 보았을 때 나중에 별로 남는 것이 없는 경우가 많다. 물론 문제가 어떤 식으로 나오는지를 알아 두기 위해서 문제집을 참고하는 것은 중요하다. 다만 이 경우에도 문제는 푸는 것이 아니라, 답과 함께 읽도록 해야 한다.

자연 친화적인 생활

지식적인 과학 공부에서는 자신의 실제 경험을 통한 응용력이 도움이 되므로, 어린 시절부터 자연 친화적인 생활을 하는 것이 중요하다. 놀이처럼 자연 세계를 아는 것은 공부에 도움이 될 뿐만 아니라, 사회인이 되어 일을 할 때도 유용하다.

또한 자연과 접하면 인간은 마음 깊이 행복을 느낄 수 있다. 가령 마음이 괴로울 때 하늘을 올려다보면 기분이 밝아지지 않는가. 길가의 꽃 한 송이에 마음이 정화되기도 한다. 작은 생물에게 친절하게 대하려는 마음이 생기기도 한다.

과학 공부는 자연과 친화적으로 지낼 수 있는 공부라고 생각하면 좋을 것이다.

사회도 교과서만으로 충분하다

사회 공부도 교과서가 중심이 된다. 다른 교과는 참고서나 문제집 같은 보조적인 교재가 필요한 경우가 많지만, 사회 과목은 거의 교과서만으로도 충분하다. 교과서에 있는 내용을 몇 번이고 읽다 보면 어떤 문제가 나와도 쉽게 답할 수 있다. 단, 연표는 어느 정도 암기해야 한다.

내가 중학생 때는 점심시간이면 신문을 읽었고, 신문을 다 읽은 후에는 세계사 교과서를 읽었다. 그리고 남은 시간에 친구들과 수다를 떨며 즐겁게 도시락을 먹었다.

그렇게 하니 따로 공부를 하지 않아도 시험에서 세계사 과목은 반에서 혼자만 만점을 받았다. 주위 친구들에게서 도시락을 먹으면서 교과서를 읽는 건 너무하다는 이야기도 들었지만, 달리 할 일도 없으니 교과서를 독서하듯이 읽었을 뿐이다.

대신 지리 교과서는 그리 흥미가 없어서 수업 시간에만 읽었더니 뛰어난 성적을 받지는 못했다.

5. '사고력'을 키우는 독서와 작문

어려운 글을 읽고 어려운 글을 써라

생각하는 힘은 어떻게 자랄까? 우선 앞서 말했듯이 어려운 글을 읽어야 한다. 즉 독서가 중요하다. 그리고 또 하나는 어려운 글을 쓰면 된다. 어려운 글을 쓴다는 것은 어렵게 쓰기를 목적으로 한 글쓰기가 아니라, 어려운 내용을 생각했기 때문에 글의 내용도 필연적으로 어려워지는 것을 뜻한다. 이는 자신의 힘만으로 생각하기보다도 쓰기 전 생각하는 단계에서 다른 사람과의 의견 교환을 통해 사고력을 키우는 편이 학습 능률 향상에 도움이 된다.

이 방법을 활용할 때, 주제를 정해 부모와 자녀가 이야기를 나누는 것도 좋다. 세상에는 의견이 나뉘는 문제가 많다. 에스컬레이터의 한쪽을 비워 두어 급한 사람이 걸어갈 수 있게 하는 것이 좋은지

나쁜지 등은 양쪽 의견 모두 나름의 설득력을 가진 이유가 있다.

다른 의견을 가진 두 사람이 이야기를 시작하면 일치점을 찾기 위해서 표면적인 좋고 나쁨의 너머에 자리한, 인간과 사회에 무엇이 중요한지에 대한 가치관까지 생각하게 된다. 이를 통해 매사를 근본적으로 생각할 기회가 만들어지며, 이를 위한 어휘를 사용해야 함과 동시에 상대방의 이야기를 들음으로써 새로운 어휘를 익힐 수 있다.

부모와 이야기를 자주 나누는 아이는 어휘가 풍부하고, 초등학교 3학년 무렵부터 작문의 감상을 길게 쓰는 특징이 있다. 반대로 부모와의 대화가 적으면 감상 부분은 아무래도 짤막하게 끝나기 쉽다. 초등학교 고학년의 경우 작문의 주제가 추상적으로 바뀌므로 추상적인 주제에 대해 부모와 자녀가 이야기를 나눌 기회를 갖는 것은 자녀의 사고력 향상에 큰 영향을 미친다고 할 수 있다.

부모와 자녀가 함께
어려운 이야기를 하라

부모와 자녀가 어려운 이야기를 나누려면 글쓰기 공부를 계기로 삼는 방법이 효과적이다.

예를 들어 월요일에 작문을 해야 한다면, 아이가 전주 화요일부터 과제를 미리 읽어 두고 주말 중 하루에 부모와 이야기를 나눌 수 있도록 한다. 아이가 과제 내용을 설명하고 나름대로 생각한 실례를 설명하면, 부모도 그 과제에 대한 스스로의 경험이나 소감을 이야기하는 것이다.

이처럼 글쓰기 공부를 계기로 삼아 부모와 자녀 간에 깊이 있는 대화를 나누는 시간을 가정생활 속에서 정기적으로 가지면 가족 구성원이 함께 대화하는 문화가 형성된다.

입시 작문 코스를 수강한 후, 지망하던 공립 중고 연계 학교에 합격한 한 학생의 이야기인데, 온라인 수업에서 작문을 예습 삼아 발표할 때 "이번 과제는 어려워서 부모님과 오랜 시간 이야기를 하다 보니 쓰기도 전에 진이 빠졌어요"라며 웃었던 적이 있다. 하지만 그만큼 글의 감상 부분은 상당히 충실한 내용으로 이루어져 있었다.

친구와의 대화 역시 사고력을 키우는 데 물론 도움이 된다. 이때 자신이 좋아하는 일을 연구하고, 그것을 친구 앞에서 발표하는 방식으로 공부하는 것이 좋다. 자신의 연구를 다른 사람 앞에서 발표하고, 다른 사람으로부터 관심을 받거나 질문을 받다 보면 다음부터는 보다 깊이 연구하게 된다. 그리고 자기 나름의 연구와 조사, 실험을 하는 과정에서 반드시 의문점이 생겨나기 마련인데, 그 의문점을 생각하는 것이 바로 자연스레 사고력을 키우는 길이다.

사고력은 생각을 통해 길러진다. 그러려면 자신이 흥미를 가진 일에 대해 자유롭게 생각하는 것이 중요하다. 또한 무언가를 생각하고 싶은 의욕은 다른 사람과의 교류 속에서 생겨난다. 다른 사람이 한 일을 보고 자신도 해 보거나, 또는 남들에게 발표하기 위해 자신의 생각을 정리하는 것이 사고력의 원천이 된다.

3장

열 살부터
시키고 싶은 것,
알려 주고 싶은 것

1. 부모가 부재하는 방과 후 시간 보내기

학원이나 취미 활동으로 충분할까?

자녀가 초등학교에서 하교하는 시간에 부모는 일터에서 일하는 가정이 많을 것이다. 학원에 가거나 취미 활동을 하게 할 장소가 정해져 있다면 어느 정도 일정한 생활이 가능하므로 학교에 다니는 것처럼 안심할 수 있다.

하지만 아이 입장에서 보면 학교에서 관리받는 생활을 하다가 방과 후에 학원이나 취미 활동을 하러 가서도 마찬가지로 관리받는 생활을 하는 것은 숨 막히는 일이 아닐까. 아이도 어른들과 마찬가지로 가능한 한 자신의 집에서 자유롭게 지내고 싶을 터다.

이에 '언어의 숲'이 지금까지 생각해 온 것은 온라인 소규모 그룹으로 아이와 함께 공부하는 시스템이다. 실제로 대면하지는 않지만 온라인상의 화면으로 연결되어 참가하는 학원 같은 것이라고 생각하면 된다. 내 머릿속 이미지는 작은 서당 같은 느낌이랄까.

자기 주도 학습은 스스로 정해진 공부를 웹 미팅 시스템에 접속하여 진행한다. 그룹의 다른 아이들은 모두 다른 지역에 살고 있으며, 원래부터 면식은 없다. 하지만 온라인상에서 대화를 나누면서 친밀감을 쌓는다.

함께 공부하는 친구들의 얼굴을 언제든지 볼 수 있으므로 자기 혼자 고독하게 공부한다는 느낌은 없다. 아이는 주위 환경에 영향을 많이 받으므로, 다른 아이들이 열심히 하는 모습을 보면 자연스레 스스로도 열심히 하게 된다. 수업 시간 마지막에 독서 소개를 하므로 자연히 매일 책을 읽게 되고, 다른 친구들이 소개한 책을 참고해 독서 분야가 넓어지기도 한다. 온라인 모임의 장에는 공부가 끝난 후에도 남아 있을 수 있어서 온라인상의 친구들과 수다를 떨 수도 있으며, 공부를 통해 알게 된 친구이므로 자연히 진취적인 내용의 이야기를 나누게 된다.

마치 광고하는 것 같아 쑥스럽지만, 내 생각에 향후 학습의 중심은 이렇게 온라인으로 이어진 친구와 함께 노는 쪽으로 옮겨 가리라고 본다.

'온라인 소수반' 의 시도

물론 아이들은 게임을 하며 노는 것을 좋아하지만, 그보다 자신이 가치 있는 일을 한다는 느낌을 더 좋아한다. 특히 고학년의 경우에는 향상심이 생기므로 그저 편하고 즐겁게 보내는 시간보다도 자기 나름대로 노력할 요소가 있는 시간을 선택하는 경향이 짙다.

그러니 집에서 친구와 함께 공부를 한 후에 자유롭게 놀 수 있다면, 자녀의 방과 후 생활이 이상적인 상태에 가까워질 것이라고 생각한다.

온라인 소수반으로 학습을 진행하는 것은 '언어의 숲'에서도 시작한 지 얼마 되지 않았다. 참여하는 학생 또한 전체 중 일부다. 온라인으로 진행한다는 점에서 장벽이 높다고 느끼는 사람들이 많은 것 같다.

하지만 웹 미팅 시스템을 누구든 이용할 수 있게 된 것은 최근의 일이므로, 앞으로는 봉사 활동으로 이런 온라인 가정 학습 보육을 진행하는 곳이 더 많이 생겨날 것이다. 이 경우 정년퇴직하고 시간이 있으면서 교육에 관심 있는 고령자가 선생님이 되어 프로그램을 진행하도록 하면 아이들도 공부 이상으로 얻는 점이 있으리라.

초등학생의 전국 학력 진단 평가에서 늘 상위를 차지하는 아키타

현, 이시가와현, 후쿠이현 등의 공통점 중 하나는 아이들이 하교하면 집에 조부모가 있어서, 학교 숙제 등의 공부를 다 마치고 놀러 가는 생활 패턴이 가능하다는 것이다.

웹 미팅 시스템을 이용하면 도시에 있는 손자의 방과 후 공부를 시골에 있는 할아버지 할머니가 봐줄 수도 있다.

2. 게임은 금지하지 않아도 된다

금지도 방임도 아닌, 시간 정해 주기가 필요하다

게임을 좋아하고 싫어하는 데는 남녀의 차이가 있다. 일반적으로 여자아이는 게임에 그리 열중하지 않는다. 남자아이는 게임에 금세 몰입한다.

오래전, 게임이 처음 나오기 시작했을 때 자녀들이 게임에 빠져 곤란하다며 학부모들의 원성이 높았다. 나는 아이들이 그 정도로 열중한다면 내가 직접 해 볼 필요가 있다고 생각해, 우리 아이가 초등학교 저학년 때 중고 게임 소프트 매장에서 〈젤다의 전설〉과 〈파이널 판타지〉를 구입했다. 〈젤다의 전설〉도 〈파이널 판타지〉도 그 후의 3D게임과는 다른 2차원 게임이었지만, 완성도가 높아서 아이들

초등 고학년은 한 번뿐입니다

보다 부모가 더 빠질 만큼 재미있었다.

아이들은 이후로도 여러 가지 게임에 열중했지만, 우리 집은 게임하는 시간을 하루에 15분으로 정해 두었다. 날에 따라서는 초과되는 때도 있지만, 게임에 빠져서 곤란해지는 일은 그다지 없었다.

15분이라는 제한 시간을 두었지만 나 역시 게임의 재미를 알고 있기에 한참 재미있는 게임을 중간에 멈출 수 없는 마음을 충분히 이해한다. 그래서 아이가 꼭 계속해서 게임을 하고 싶어 한다면 책을 50쪽 읽으면 게임 시간을 15분 추가하는 식으로 이야기하여 아이에게 스트레스를 주지 않으면서도 너무 게임에만 빠지지 않는 방법을 찾으려고 했다.

당시는 게임이 나온 지 얼마 되지 않은 때여서 가정에서 게임의 규칙을 정한 곳은 거의 없었고, 금지하거나 방임하거나 둘 중의 하나였다. 우리 집에서는 일찍 규칙을 만들었기에 더러 긴 시간 게임을 할 때도 있었지만, 대부분의 경우에는 아이들에게 맡겨 두어도 아무런 문제가 없었다.

면역 키워 주기

게임뿐만 아니라 만화나 인터넷, 스마트폰 등 현대는 유혹이 많은 시대라고 할 수 있다. 부모는 이러한 것들을 어떻게 잘 활용할 것인지 고민한다.

아이가 어릴 때는 성가신 것을 금지하는 방향으로 해결하려고 하기 쉽다. 하지만 금지하는 방법은 가장 손쉬운 것 같으면서도 아이의 자기 관리 능력의 성장이라는 면을 생각하면 그리 좋은 방법은 아니다.

아이는 반드시 부모의 곁을 떠나 자신의 의지로 자신의 삶을 살게 된다. 이때 일상생활에서 부모가 관리해 주던 대로 살아온 아이는 자신을 조절하기가 힘들어진다.

따라서 평소 생활 속에서 그런 유혹 이외의 것들을 제대로 해내고 있는지를 살피는 것이 더 중요하다. 만화책을 읽지만 다른 책도 읽는지, 게임을 하지만 공부도 하는지의 문제가 중요한 것이다. '잘 배우고 잘 놀아라'라는 생각으로 놀이와 공부를 양립하는 방법을 찾는 것이 중요하다.

자기 관리의 방법으로, 앞서 이야기했듯이 '시간 제한하기'는 효과적이다. 아이들이 게임을 하는 시간을 몇 시부터 몇 시까지로 정해 두면 아이는 의외로 그에 잘 따라서, 게임이 허락된 시간이 아니면 마음을 접게 된다.

아침 6시까지는 원하는 만큼 OK

우리 집에서는 아침 식사 전에 소리 내어 책을 읽거나 조용히 중얼거리며 간단한 공부를 하도록 정해져 있다. 어느 날 우리 집 작은 아이에게 "아침 일찍 일어나면 공부가 시작되는 6시 전까지 게임을 해도 된다"고 했다. 아이는 그다음 날부터 5시쯤 일어나 게임을 했다. 일찍 자고 일찍 일어나는 습관을 기르는 데는 아주 좋은 방법이었다.

이럴 때 금방 일찍 일어나는 아이는 매사에 열중하는 유형이다. 일찍 일어나서 게임을 하는 생활이 얼마나 지속되었는지, 그리고 어떻게 되었는지는 잊어버렸지만, 잊어버릴 정도로 별다른 문제가 없는 일상이었다.

'장소 제한하기' 역시 효과적인 방법이다. 자신이 손을 뻗으면 금방 닿는 곳에 게임기나 스마트폰이 있으면 누구나 관심이 생기기 마련이다. 게임이 끝나면 그 게임기는 수납장에 넣어 두기로 정한다면 눈앞에서 보이지 않으니, 조절이 훨씬 쉬워진다. 마음만 먹으면 금방 할 수 있겠지만, 일부러 수납장을 열어 게임기를 꺼내서 시작하기는 조금 찜찜한 마음에 자연스레 자기 관리 모드에 들어가게 된다.

휴식이 있어야
공부도 열심히 할 수 있는 법

한 가지, 인간의 심리로서 생각해 두어야 하는 것은 아이든 어른이든 잠깐의 휴식 시간에 오락을 이용할 수 있다는 점이다. 예를 들어 공부를 하다가 어느 정도 마무리하고 지친 머리를 휴식하기 위해 가볍게 게임을 하는 것은 누구에게나 있을 수 있다.

20년도 더 지난 이야기인데, '언어의 숲'에서는 초등학교 4학년 이상의 아이는 거의 전원이 컴퓨터로 작문을 했다(지금은 대부분의 학생이 수기로 작문을 한다).

컴퓨터에는 다양한 게임이 들어 있어서 아이들은 교실에 오면 먼저 컴퓨터 앞에 앉아서 대부분 자신이 좋아하는 게임을 시작했다. 그리고 게임이 어느 정도 끝나면(그래 봐야 시간상으로는 몇 분 정도지만) 작문을 하기 시작했다.

우리도 무언가 일을 시작할 때 책상 앞에 앉아서 잠깐 머리를 식히는 시간이 있지 않은가. 아이들 역시 교실로 들어왔을 때 곧바로 공부를 시작하는 심리 상태가 되지는 않는다. 잠시 게임이라도 한번 하고 나면 그다음에 공부를 시작하려는 마음이 생기는 것이다.

나 스스로 그런 마음이 있었기에 나는 아이들이 그러는 것에 대해 아무런 말도 하지 않았다. 오히려 웃으면서 지켜봤을 정도다. 그래도 아무 문제 없이 전원이 착실하게 공부했다.

하지만 그런 게임 놀이의 감각을 모르는 부모들은 아이가 집에서 게임을 하고 있으면 표정이 심각해지면서 당장이라도 한마디 하고 싶어 한다.

인간에게는 늘 잠깐의 휴식이 필요하다. 가까운 존재인 부모가 사방에서 그런 잠깐의 휴식마저도 금지하면 아이는 보여 주기를 위한 공부만 하게 된다.

아이가 게임을 하거나 인터넷을 하며 노는 것을 부모가 가까이서 보면서도 아무 말 하지 않는 것을 알면, 아이는 공부를 쉬는 시간에는 그렇게 시간을 보내도 된다고 여기게 된다.

이는 자신이 공부 내용을 제대로 알고 익히기만 하면, 부모가 그것을 신뢰하므로 중간의 놀이나 휴식 시간은 자유롭게 활용해도 된다는 생각을 갖는다는 말이다.

즉, 아이가 부모의 신뢰를 느끼므로 자연스레 공부의 내용에 집중하는 결과로 이어진다.

3. 용돈으로 돈 사용법을 가르쳐라

장사의 기술과 감각을 배우게 하기

경제 교육을 할 때 돈을 소중히 여기라며 사용 방법 면에서 알려 주는 경우가 많다. 그런데 사실 돈을 어떻게 벌지에 대해 교육할 필요도 있다.

장래에는 지금보다 더 많은 사람이 부업이든 취미든 자기 나름의 일을 하게 된다.

세상에 도움이 되는 일이 있으면, 그것을 널리 퍼뜨리는 역할이 필요하다. 그러자면 더 많은 사람이 기쁨을 누릴 수 있도록 그 일의 수익을 높여야 한다. 수익을 높이기 위해서는 다른 사람이 좋아하는 것을 기준으로 일에 대해 생각해 볼 필요가 있다. 즉 남들을 기쁘게 하면 돈이 불어난다는 생각을 어린 시절부터 길러 주는 것이 좋다.

초등 고학년은 한 번뿐입니다

실업가이자 사상가이며, 100세까지 현역으로 활동한 고노 쥬젠(河野十全)이 어린 시절에 살던 군마현의 자택 근처 산에는 굽은 소나무가 많았는데, 그는 그것이 분재의 소재로 쓰일 수 있다는 생각에 산에 가서 나무를 가져와 학비를 벌었다고 한다.

누구나 그렇게 할 수 있는 것은 아니지만, 아이에게 장사의 감각을 길러 주는 것은 앞으로의 교육에서 매우 중요한 요소가 될 것이다.

한 번에 써 버리고 후회하는 것도 경험이다

그렇다고는 하나 어쨌든 우선적으로 아이에게 가르칠 수 있는 것은 돈의 사용 방법에 관해서다. 돈을 소중히 쓰게 하려면 용돈 금액을 정해서 아이에게 주고, 그 범위 내에서 자신이 필요한 것을 사는 습관을 만들어야 한다. 부모가 돈을 관리하고, 자녀가 무언가 필요할 때마다 사 주다 보면 아이가 불필요한 것을 사지 않는다는 이점은 있겠지만, 아이의 성장 면에서는 좋은 방법이 아니다.

우선 아이가 돈을 스스로 관리하며 책임감을 갖는 경험을 할 수 없다. 또 하나, 아이에게는 필요한 물건이지만 부모가 보기에는 쓸모없는 것이라 여겨질 때, 아이는 부모에게 말해 봐야 거절당할 것을 알기에 다른 방법으로 필요한 물건을 손에 넣으려고 할 수 있다.

만약 스스로 관리할 수 있는 돈이 생기면 아이는 저축하거나, 또는 필요한 것 중 무엇을 선택하고, 포기할지 결정하게 된다.

아이가 돈을 관리하면 때로는 낭비하기도 하지만, 낭비를 후회하는 경험을 하기도 한다. 이 역시 아이의 성장에 중요하다.

우리 집 작은아이가 어느 날 놀러 나갔다가 머리가 아프다면서 집에 돌아온 적이 있다. 어찌 된 일인지 물어보니 재미있는 장난감과 과자가 있어서 친구와 그 자리에서 많이 사 버린 탓에 가지고 있던 용돈을 거의 다 썼다는 것이다. 아이는 분명 집으로 돌아오는 길에 '멍청한 짓을 했어'라며 후회했을 것이다. 나도 모르게 웃고 말았지만, 그런 경험도 필요할 것이다.

책을 살 때만큼은 부모가 돈을 내라

자신의 돈으로 원하는 것을 사는 것은 돈 관리법의 기본인데, 책에서만큼은 예외로 해 두는 것이 좋다. 아이가 갖고 싶은 책이 있다고 하면 그것이 만화책이 아닌 이상, 아이의 용돈이 아니라 부모가 돈을 내서 사 주도록 하자.

책 구입에 대해서는 아끼지 않고 기쁘게 사 주는 모습을 아이에게 보이는 것이 중요하다. 책 구입에 돈을 쓰는 것은 낭비가 아니라, 아이가 스스로 자신을 성장시키도록 돕는 투자이기 때문이다. 마찬가지로 새로운 것을 경험하게 하는 것도 아이의 성장을 위한 하나의 투자라고 생각하는 것이 좋다.

　돈에는 또 하나의 중요한 면이 있다. 바로 쉽게 빌리거나 빌려주지 않는 것이다. 어른들 세계의 이야기라고 덮어 버리지 말고, 어릴 때부터 교육의 하나로써 돈은 쉽게 빌리거나 빌려주는 것이 아님을 이야기해 두어야 한다.

4. 가정 내에서 할 일을 부여하라

나서서 일하는 아이와
움직이지 않는 아이의 차이

아이에게 집안일을 시키는 것은 사실상 가정에서만 가능하다. 학교에서도 청소나 급식 당번 등의 일을 하는 경우는 있지만, 책임감을 갖고 주위 상황을 고려하여 그에 맞는 행동을 하는 것은 집안일을 도우면서 가장 잘 배울 수 있다.

내가 어릴 때 아버지는 판금 사업을 하셨는데, 휴일에는 종종 일하는 현장에 나를 데려가서 돕게 하셨다. 그런데 아이가 도와 봐야 얼마나 도왔겠는가. 아버지가 아이들을 좋아해서 데리고 다닌 면도 있을 것이고, 어떤 의미에서는 자녀 교육을 위해 일을 돕게 한 것이

초등 고학년은 한 번뿐입니다

아닌가 싶다.

실제로 일을 도우면서 여러모로 배웠다. 예를 들어 못을 박을 때 즐거운 일을 생각하면서 못을 두드리면 손을 찧을 일이 없지만, 잠깐이라도 싫은 일을 생각하면 손가락을 다치는 일이 많다는 것을 배웠다. 그런 경험은 실제로 맛보지 않으면 알 수 없는 것들이어서, 공부 이외의 면에서 여러 가지를 배운 것 같다.

아이들의 합숙 등이 있을 때면 항상 느끼는 것이 아이들 각자에게 평소 학습을 통해서는 눈에 보이지 않던 우수한 능력이 있다는 사실이다. 가령 교실에서는 공부를 열심히 하지 않고 장난만 치던 아이가 합숙에서는 지치지 않고 열심히 일을 하며, 필요할 때는 금방 나타나 도와주는 경우다. 공부라는 면만 봐서는 알 수 없었던 장점들이 드러나는 것이다. 또 반대로 공부는 아주 잘하지만 일을 시키면 의외로 요령이 없는 아이도 있었다.

이런 차이는 역시 집에서 일을 얼마나 해 보았는가에 비례하는 것 같다. 일반적으로 형제자매가 있는 경우, 큰아이는 여러 가지를 잘 알아차리고 돕는 능력을 갖고 있다. 엄마가 동생을 돌보는 동안에 스스로 생각해 무언가를 하거나, 자신이 직접 동생을 돌보아야 하므로 자연스레 일을 하는 힘이 자란다.

또 남자아이는 물건을 어질러 놓기만 하거나 무슨 일이든 남의 손을 빌리려고 하는 경우가 많은데, 여자아이는 자신의 일을 스스로 잘 해내는 경향이 뚜렷하다. 이것은 엄마가 남자아이에게는 너그럽게, 여자아이는 보다 엄격한 기준으로 가르쳤기 때문이라고 본다.

그러니 외동인 경우, 더구나 남자아이라면 부모가 아이가 할 수 있는 집안일을 돕도록 교육해야만 한다. 그렇지 않으면 밖에 나갔을 때 아무것도 하지 못하는 상황이 자주 연출될 수 있다.

보상으로 용돈을 줄 필요는 없다

그런데 요즘은 가정에서 할 수 있는 일이 많이 한정되어 있다. 전기 제품이 발달하여 청소, 세탁, 설거지까지 모두 버튼 하나만 누르면 끝난다. 그러니 집안일이나 육아를 돕는 등 일상생활 속의 일도 좋지만, 특별한 이벤트로 오늘은 카레라이스 만드는 것을 돕게 하거나, 근처에 장을 보러 가는 일을 돕게 하는 등 일의 일부를 분담하는 형태로 도울 기회를 만들어 줄 수 있다.

이때 아이가 일을 도와준 데 대한 보답으로 나중에 무언가를 주는 것은 아이에게 만족감을 주고, 부모가 고마워하는 마음을 전달한다는 점에서는 좋다. 하지만 일을 한 대가로 용돈을 주기로 사전에 약속하는 것은 그리 좋은 방법이 아니다. 가정의 일은 보상 없이 무조건 하는 것으로 정해 두는 편이 아이의 업무관을 바르게 성장시키는 데 도움이 된다.

사회에 나가면 공부를 잘하는 것보다 일을 잘하는 것이 전부다. 그 사람이 학창 시절에 성적이 어땠는지는 아무도 신경 쓰지 않는다. 그러니 부모는 공부를 잘하는 것 이상으로 밝은 태도로 일을 잘하는 것이 중요하다는 가치관을 갖고 육아를 하고, 아이에게도 그런 감각을 갖게 해야 한다.

5. 캠프나 합숙을 통해 공동생활의 경험 쌓기

여름 합숙소를 여는 이유

저출산화가 진행되면서, 아이가 가정에서 대부분의 시간을 부모와 이야기하면서 보낼 수 있게 되었다. 그런데 그로 인해 또래의 다른 아이들과 깊이 교류할 기회 없이 성장하는 경향도 있다. 그래서 어른과 이야기하는 것은 좋아하지만, 또래와의 대화는 불편해하는 아이들이 늘어나고 있기도 하다.

인간은 사회적 관계 속에서 살아가는 존재다. 즉 인간관계의 힘이 필수적이다. 그것은 단순히 사이좋게 지내는 것뿐만 아니라 필요할 때는 싸울 수도 있는 힘을 갖는 것을 말한다. 부모와 함께 생활하는 것만으로는 타인에게 무리한 요구를 당하거나 타인과 싸우는 경험을 할 일이 없다. 하지만 또래 속에는 장난이 심한 아이도 있고, 서

초등 고학년은 한 번뿐입니다

로 잘 맞지 않는 아이도 있어서 이를 경험할 수 있다. 그 가운데서 때로는 말다툼도 하고, 또 서로 용서하고 위로와 격려를 하는 경험이 쌓이는 법이다. 이렇게 언뜻 불필요해 보이는 대립이나 갈등을 포함한 인간관계가 아이의 성장에는 매우 중요하다.

'언어의 숲'은 몇 년 전 나스에 있는 오래된 펜션을 구입하여 여름 합숙소로 이용하고 있다. 합숙의 목적은 평소 온라인 소수반 수업이나 선생님으로부터 전화 지도를 받는 수업만 해서 다른 학생들과 만난 적이 없는 아이들에게 교류의 기회를 만들어 주는 것에 있다. 물론 '언어의 숲'의 아이들 외에도 참가할 수 있으므로 교류의 의의는 더 넓으며, 또래의 아이들과 자연 속에서 교류하기 위한 프로그램이라고 말해도 되겠다. 다만 놀기만 하는 것이 아니라, 공부도 제대로 해야 한다.

여름방학 중에는 대부분 합숙소를 열어 두므로, 원하는 날에 원하는 만큼 참여할 수 있다. 일박만 하는 아이들도 있지만, 대개는 여러 날을 머물면서 스무 명 정도가 함께 생활한다. 더러는 일주일씩 체류하는 아이도 있다.

아이들끼리 보내는 하룻밤이 성장의 밑거름이 된다

어린이용 이층 침대가 있는 방에서 네 명씩, 처음 만나는 아이들

끼리 잠을 잔다. 하지만 아이들은 순식간에 마음을 터놓고 별명을 부른다. 원한다면 부모도 함께 머무를 수 있지만 초등학생 아이들 대부분이 혼자 혹은 형제나 친구와 함께 참가한다. 아이들과 함께 하루 종일 소란을 떨다 보니 부모와 떨어져 있어도 외로움을 느낄 새가 없는 것 같다.

합숙소는 나스의 산속에 있어서 가까운 강에 가거나 벌레를 잡는 등 자연 속에서 자유롭게 뛰놀 수 있다. 이것 역시 합숙의 커다란 목적이다. 누구랄 것 없이 아이들은 모두 즐겁게 합숙을 한다. 참가하는 아이들 중에는 "집에 가면 ○○해야 하니까 계속 여기 있고 싶다"라고 말하는 아이도 있다. 어쩌면 합숙의 문제점은 너무 많이 논다는 것이다. 놀이에만 열중하고 공부 시간에는 조는 아이들도 가끔은 생긴다.

그런데 이 여름 합숙에서도 아이들 간의 분쟁은 반드시 발생한다. 하루 이틀은 다들 사이가 좋지만 사나흘째가 되면 여자아이들의 경우에는 누가 무언가를 빌려주지 않았다거나, 남자아이들은 누가 심한 장난을 쳤다는 등의 사소한 이야기가 흘러나온다. 하지만 더 길게 며칠을 지내다 보면 자연스레 화해하게 되고, 오해가 풀리면서 마음이 맞는 친구들끼리 뭉치는 형태로 안정된다. 단, 때로는 사이가 나빠진 상태가 마지막 날까지 이어지다가 그대로 해산하게 되는데 이 점은 안타까운 부분이다.

초등 고학년은 한 번뿐입니다

하지만 그렇게 옥신각신하는 가운데서도 모두가 조화롭게 지내도록 이끄는 아이가 꼭 나타나기 마련이다. 그런 아이는 약한 아이를 격려하고, 강한 아이에게는 주의를 주며, 자신은 개그맨처럼 행동하면서 주위를 밝게 해 준다. 이런 서로의 장점과 약점을 포함한 진실한 행동을 보여 주는 것이 아이들에게는 좋은 경험이 된다. 분쟁은 좋지 않은 것이지만, 서로 부딪히지 않고 어른이 되는 아이는 없는 법이니 긴 안목으로 보면 그 아이의 성장에는 득이 될 것이다.

마지막 날, 데리러 온 엄마가 자신의 아이를 보고 "왠지 많이 의젓해졌는걸" 하고 말하는 경우가 많다. 초등학생 시기에 집단생활을 체험하게 하는 것은 매우 좋다.

6. 이제는 '자연 놀이'를 풍부하게 즐길 수 있는 나이

실내 낚시로는 맛볼 수 없는, 해변에서 조개를 줍는 재미

나는 어릴 때 요코하마 남쪽의 외진 가나자와문고 근처에 살았는데, 주변에 바다와 산 그리고 논밭까지, 풍요로운 자연이 남아 있었다. 그 자연 속에서 한 놀이 중에 지금도 그리운 것은 가까운 산에서 밤을 줍거나 으름덩굴을 따면서 이웃 아이들과 산길을 함께 걷던 것이다. 가까운 바다에서는 바지락이나 조개껍데기를 줍다가 배가 고프면 그대로 구워서 먹고 헤엄을 치면서 놀았다.

이러한 자연 속에서의 놀이가 주는 즐거움은 지금 아이들에게도 다르지 않다. 자연 속에서 놀면 아이들은 금세 가재나 개구리를 잡는 데 열중한다. 몇 년 전엔가 바다에서 캠프를 열었을 때는 근처 해변에서 작은 고둥이나 성게를 잡느라 모두들 여념이 없었다. 자신이 잡은 것을 먹을 수 있을지도 모른다는 사실에 아이들은 설레어했다. 그런데 만약 이 활동이 실내 낚시터에서 물고기를 잡거나 비닐 풀장에 물고기를 풀어놓고 잡는 것이었다면 감동은 살짝 줄어들지 않았을까. 자연 속에서 직접 자신의 손으로 잡는다는 면에서 감동이 있기 때문이다.

워터파크에는 없는, 시냇가 놀이의 매력

2018년 여름 캠프에서는 산에서 벌레를 잡고, 강에서는 작은 물고기나 가재를 잡는 데 모두들 열중했다. 평소 그런 생물에 관심이 별로 없던 아이라도 모두의 열기에 영향을 받은 것인지 자연스레 그 세계로 빠져들었다. 부모와 함께 있을 때는 벌레가 싫다거나 더러워지는 것이 싫다고 하는 아이들도 친구와 함께 있을 때는 노는 재미가 더 크기 때문에 그런 것쯤은 잊어버리는 것 같다.

당시는 생물을 잡는 놀이 중심의 여름 캠프였고, 2019년 여름 캠프에서는 얕은 강에서 워터 슬라이드처럼 물놀이를 해 보려고 아이디어를 냈다. 그러자 이번에는 대부분의 아이들이 물놀이에 빠져들었다. 근처에는 제대로 된 긴 미끄럼틀을 갖춘 풀장도 있었지만, 그런 정비된 시설보다는 울퉁불퉁한 강에서 넘어지기도 하고 뒤집히기도 하면서 자신의 힘으로 노는 아이들의 모습은 무척 즐거워 보였다. 물론 더러는 물놀이를 하지 않고 수경과 스노클로 강 속만을 들여다보는 아이와 여러 가지 돌만 열심히 모으는 아이도 있었다.

각자 자신이 좋아하는 일을 하면서 놀 수 있는 것이 자연 놀이의 장점이다.

예상대로 되지 않기에 자라나는 유연성

아이가 자연 속에서 노는 의의는 자연에는 예상을 뛰어넘는 것이 존재한다는 사실을 알고, 그것에 창조적으로 대응해야만 한다는 것을 경험하는 데 있다.

인공의 오락에는 예상되는 것들만 존재한다. 또한 즐기는 방법도 틀에 박힌 재미가 대부분이다. 자연에서는 제대로 하지 못하면 크게 실패하기도 하고, 잘하면 또 큰 성공을 거두는 일들이 많다. 그런 것들이 모두 해 보지 않으면 알 수 없는 형태로 찾아오므로, 그때마다 창조적인 행동이 요구된다. 인공적인 환경에서는 정해진 순서대로 하면 정해진 성과가 돌아온다. 그렇게 순서대로 이루어지지 않는 자연의 모습을 접할 때 아이들의 유연성과 창조성이 길러진다.

초등 고학년은 한 번뿐입니다

여름 캠프에서도 비가 오는 날 지루해하는 아이들에게 "어차피 비가 오니까 밖에서 수영복을 입고 놀면 어떻겠니?"라고 하자 정말로 수영복 차림을 하고 밖에서 물대포를 쏘아 대며 신나게 놀았다. 짧은 시간이었지만 아이들은 매우 즐거워했다.

가정에서도 꼭 강과 바다, 산으로 열심히 데리고 다니기 바란다. 저학년 때는 자연 속에서 노는 법을 모르던 아이들도 고학년이 되면 자연이 주는 즐거움을 차츰 느끼게 된다.

7. 마음의 안식처가 되는 반려동물의 존재

아이들이 가장 솔직하게 마음을 터놓을 수 있는 친구

아이들의 성장에서 생물이 있는 생활은 마음을 편안하게 만들어 줌과 동시에 이후의 행복한 인생에 있어 하나의 지지대가 되는 면이 있다.

개나 고양이 등의 생물은 귀엽다 보니 아무리 봐도 질리지 않는다. 또 아이가 그 생물을 돌보는 일을 분담하면 집안일을 하는 연습도 된다. 형제자매가 없는 외동에게 반려동물은 자신의 동생 같은 존재가 되기도 한다. 반려동물을 공통의 화제로 삼아 가족들이 즐겁게 이야기를 꽃피우게 되고, 몸이 피곤할 때는 반려동물 덕에 위로를 얻기도 한다. 이것이 생물이 가까이 있을 때의 장점이다.

생물 중에는 가재나 송사리, 곤충처럼 인간과 커뮤니케이션이 어려운 것들도 있다. 하지만 그런 생물이라도 함께 있으면 동작 하나에 놀라거나 웃게 된다. 또 생물이 알을 낳고 새끼를 키우는 모습을 보는 것은 자연의 신비와 다양성을 알게 되는, 교과서를 공부하는 것 이상으로 뛰어난 공부가 된다.

개는 자신과 가까운 인간의 감정에 공감하는 면이 있으며, 실험에 따르면 주인과 반려동물의 맥박 리듬이 일치한다는 사실이 확인되었다고 한다. 집단생활을 하는 새도 인간과 마음이 통하는 면이 있어서 앵무새나 잉꼬 등은 인간과 함께 있는 것을 즐기며 논다. 언젠가 한 아버님은 학교에 가지 않고 집에 틀어박혀 있던 자녀가 어릴 때부터 키운 반려동물 덕분에 괴로운 시간을 극복할 수 있었다는 이야기를 들려주시기도 했다. 동물은 인간과 달리 겉과 속이 다르지 않아서 아이들이 가장 솔직하게 마음을 터놓을 수 있는 친구가 되기도 한다.

하지만 생물을 키우는 일에 즐거움만 있는 것은 아니다. 언젠가는 그 생물이 세상을 떠나는 날을 경험하게 된다. 아끼던 이에게는 슬픈 일이지만 그런 슬픔 속에서 인간의 착한 심성이 길러진다.

개인적으로
개와 앵무새를 추천합니다

생물을 잘 키우려면 이른 시기에 교육을 하는 것이 중요하다. 그래서 생물을 기르는 방법에 대한 책을 먼저 읽고 내용을 숙지하는 것이 중요하다.

나는 반려동물로 역시나 개와 앵무새를 추천한다. 개 중에서 어떤 종류가 좋을지는 취향에 따라 다르겠지만, 집 안에서 키운다면 털이 잘 빠지지 않는 견종이 기르기 쉬울 것이다. 다만 매일 털 손질을 해 주어야만 한다.

작은 새 중에서는 이전에 잉꼬를 길렀던 적이 있다. 금세 친숙해졌는데 컴퓨터의 키보드를 빼 버리는 일이 많았고, 피부에서는 기름이 튀어서 방이 더러워지기 일쑤였다.

앵무새는 작아서 여기저기에 똥을 싸도 감당할 만하며, 성격도 좋고 금세 사람을 따르므로 기르기 쉬운 종류라고 생각된다. 하지만 사람을 뒤따라 날아오므로 문에 끼이거나 밟힐 가능성이 있다. 특히 키우기 시작한 초기에는 잘 살펴야 한다.

우리 집에서 키웠던 잉꼬와 앵무새는 역시 사람 뒤를 잘 따라와서 무심코 창문을 열었을 때 날아가 버리는 일이 있었는데, 처음 기른

'파노'라는 이름의 잉꼬는 방 안에서 늘 날아다니는 등 야생 수준의 날아오르는 힘을 가지고 있었다. 한번은 밖에 데리고 나갔는데 갑자기 까마귀가 급강하해서 덮치자, 그대로 달아나서 7킬로나 떨어진 한 호텔까지 날아가기도 했다. 다행히 며칠 후 그 호텔의 직원이 잔디 위에 있던 파노의 발찌에 있는 번호를 보고 연락을 주어서 찾을 수 있었다.

맞벌이 가정이라면
고양이를 추천합니다

우리 집에서 이전에 길렀던 개는 골든레트리버로 '젤다'라는 이름이었는데, 성격이 순해서 기르기 수월한 견종이었다. 또한 물을 상당히 좋아해서 강이나 바다에 가면 뛰어 들어가서 함께 물놀이를 즐기기도 하였다. 단, 털이 잘 빠져서 잠깐만 방심하면 아이들의 검은 교복이 털로 가득해지곤 했다.

개나 새 등의 생물을 기르면 가족이 여행을 갈 때도 반려동물이 묵을 수 있는 장소를 찾아야 하는 등 여러 가지 제약이 있다. 하지만 반려동물도 가족의 일원이니, 점차 그런 제약도 당연하게 여겨져 그리 불편함을 느끼지 않게 된다.

최근에는 고양이도 인기가 많다. 고양이는 혼자 집을 지키기도 하고, 산책을 시킬 필요도 없다. 맞벌이로 하루 종일 집에 아무도 없다면 산책이 필수적인 개를 기르기는 힘들다. 그런 가정은 고양이가 적합할지도 모른다. 물론 새와 같이 키울 수는 없겠지만 말이다.

8. 반드시 지켜야 할
규칙 이외에는 자유롭게 해 주기

집에서 지켜야 하는 규칙은
융통성 있게 정하기

자녀가 지켰으면 하는 일들은 아주 많다. 하지만 그걸 다 지키게 하려면 하루 종일 혼만 내게 될 것이다. 그렇게 하지 말고 원칙적으로 지켜야 할 규칙은 조금만 정하고, 그 외의 일들은 너그럽게 봐주자. 그런 융통성이 중요하다.

우리 집에서도 아이들에게 몇 가지 규칙을 정했다. 처음부터 정했다기보다 아이들의 생활 방식을 보고, 이건 지금 정해 두지 않으면 나중에 힘들겠다 싶어서 그때그때 정한 것인데, '현관의 신발 정리하기', '아침에 일어나면 인사하기', '네 하고 대답하기', '친구들 사이에

유행하는 속어는 쓰지 않기' 등이다. 이것들에 대해서는 엄하게 주의를 주었지만, 그 외에는 거의 야단을 치지 않았다.

'언어의 숲' 합숙소 벽에는 합숙 중에 아이들이 지켜야 할 규칙을 적은 종이가 붙어 있다. '문은 천천히 열기', '수도는 꼭 잠그기', '계단을 조용히 내려오기' 등과 같은 생활상의 기본적인 규칙들이다. 그리고 그 이외의 대부분은 눈감아 준다. 아이들이 소란을 피우면서 밤중까지 잠을 자지 않아도 그건 어쩌다 한 번 있는 일이고, 그것도 재미있는 추억 아닌가 싶어서 내버려둔다. 어차피 졸리면 잠들 테니 말이다.

아이들이 해야 할 일에 대해서는 그때그때 말하고 재촉하지만, 세세하게 야단을 치는 법은 없다.

형광등을 깨뜨린 학생들을 관대하게 봐준 선생님

이렇게 아이들을 대하다 보면 아이들과의 사이에 신뢰 관계가 형성된다. 둘째 아들이 중학교 3학년 때 친구와 교실에서 빗자루를 가지고 야구하는 흉내를 낸 적이 있다고 한다. 다 같이 장난을 치며 놀던 와중에 공이 천장으로 튀어 올라 형광등이 깨지고 말았다. 그런데 이를 안 담임 선생님이 놀던 아이들을 야단치지 않고 웃으면서

"자자, 이런 데서 놀지 마라"라고 말씀하시고 끝내셨다고 한다. 이를 우리 아이가 기쁜 표정으로 말하기에 나는 이때 담임 선생님(아마도 평소에는 제대로 야단을 치는 선생님이실 것이다)과 아이들 사이에 믿음이 있다고 생각했다.

아이가 이건 혼이 날 일이라고 생각하는 상황에서는 혼을 내지 않는 것도 방법이다. 분명 혼이 날 것이라고 각오하고 있을 때는 오히려 용서해 준다. 반면에 정한 규칙을 지키지 않을 때는 엄하게 야단친다. 이러한 융통성이 있으면, 아이는 그 사람에게 신뢰감을 갖고 규칙을 지키게 된다. 나쁜 짓을 하면 혼을 내는 직선적인 방법으로만 대하면 아이는 자신이 사물처럼 여겨진다는 느낌을 받는다. 인간 대 인간의 감각은 나쁜 짓을 너그럽게 봐주거나 용서해 주기도 한다. 그러면 아이는 자신이 인간으로 대우받고 있다는 느낌을 갖는 것이다.

그러니 규칙은 최소한으로 줄이고, 그 밖의 것에는 잔소리하지 않는 융통성을 발휘하자.

9. 중요한 순간에 한마디로 훈육하는 역할이 필요하다

결국 마지막에 용서해 주는 것은 어머니다

이번 이야기는 나 자신의 개인적인 경험을 통해 생각한 아버지의 상이니, 다른 생각을 가진 분도 분명히 계실 것이다. '아버지의 역할' 이라기보다는 부모 중 한 명이 해야 하는 역할로 읽어 주기 바란다.

아이들에게 아버지의 역할은 엄마와는 상당히 다르다. 일본에서는 아버지, 어머니, 아이가 함께 나란히 누워 자는 문화가 있는데, 이때 아이가 아버지와 어머니 사이에서 자는 것보다는 어머니가 한 가운데에 눕고 아버지와 아이가 양옆에 눕는 쪽이 아이가 훨씬 자연스럽게 자란다는 조사 결과가 있다.

초등 고학년은 한 번뿐입니다

아이에게 아버지는 한 발 떨어진 장소에서 지켜봐 주는 존재이지, 밀착해서 어머니처럼 애정을 쏟아 주는 존재는 아니라는 말이다.

아이는 아무리 나쁜 짓을 해도 어머니라면 자신을 버리지 않고 인정해 줄 것이라는 확신을 마음 한구석에 갖고 있다. 하지만 아버지는 반대다. 나쁜 짓을 하면 용서하지 않는 것이 아버지고, 그것 또한 용서해 주는 것이 어머니다.

양육에서 아버지의 역할은 '원칙을 지키도록 하는 것'이다. 어머니는 원칙보다는 우선 아이의 모든 것을 인정하고 용서하는 역할을 한다. 아버지의 원칙은 아이가 잘못된 행동을 했을 때 엄하게 야단을 치는 것이다. 어머니는 잔소리 같은 형태로 아이를 야단치는 일이 많지만, 잔소리만으로는 아이의 행동이 개선되지 않는다. 아버지가 야단을 쳐야만 아이의 행동을 바로잡을 수 있다. 아버지는 중요한 순간에 엄하게 야단을 치므로 아이에게는 어머니와 달리 절대적인 존재감이 있다.

아이에게 아버지는
사회를 대표하는 존재다

이런 아버지의 역할을 살리는 것은 사실상 어머니다. 아버지가 없는 곳에서 어머니가 아버지를 가볍게 보는 듯한 언행을 하면 아이는 바르게 자라지 못한다. **아이 앞에서는 아버지와 어머니가 서로 존경하는 관계여야 한다.** 아이에게 아버지는 사회를 대표하는 존재이므로, 존경하는 아버지가 있을 때 비로소 자신도 훌륭한 인간이 되려는 마음을 갖는다.

내가 어릴 때 어머니에게 무언가 금액이 나가는 것, 예를 들면 악기나 신발, 옷 같은 것을 사 달라고 해서 받으면 어머니는 "아버지가 돌아오시면 감사하다고 말씀드려야 한다"고 가르치셨다. 나는 아직 어렸기 때문에 물건을 사 준 사람은 어머니인데 어째서 아버지에게 감사 인사를 해야 하는지 이상하게 여기면서도 공손히 인사를 했다.

일반적으로 아버지와 어머니는 젊은 시절에 사이가 좋지 않은 경우도 많다. 왜냐하면 서로 매력을 느끼는 사이는 성격이 다른 경우가 많아서 함께 살다 보면 그 차이로 인해 부딪히는 일이 많기 때문이다. 하지만 아이들 앞에서는 상대방을 깎아내리는 말을 하면 안 된다. 아이는 부모의 모습을 모방하며 자라므로, 아버지와 어머니가 서로를 존경하면 아이가 성장했을 때도 마찬가지로 상대방을 존경하는 가정을 이룰 수 있다. 서로 헐뜯는 가정보다 존경하는 가정이 마음이 편안한 것은 당연지사다. 아이 앞에서는 더 좋은 가정 문화를 만들겠다는 생각을 해야 한다. 그 첫걸음은 아버지든 어머니든 상대방이 없는 곳에서 서로를 칭찬하는 것이다.

'모험적 놀이'를 가르치자

아버지에게는 엄한 모습 이외에 또 하나, 어머니가 하기 어려운 역할이 있다. 바로 자연 속에서 야생적으로 놀거나, 기계를 조립하고, 실험과 만들기를 하는 등의 남자아이들이 즐기는 역동적인 놀이를 함께 하는 것이다. 그래서 남자아이의 취미 세계를 넓히는 것은 보통 아버지의 역할이다.

또한 모험을 하는 것도 아버지의 역할 중 하나다. 어머니는 위험을 피하려는 생각을 중시하지만, 아버지에게는 위험한 일도 재미있어 보이고 해 보려는 마음이 있다. 남자아이는 그런 모험적인 일을 선호하므로 남자아이의 모험심에 공감하고 함께 노는 것은 역시나 아버지의 역할이다.

지금 아이들의 놀이는 디즈니랜드 같은 테마파크나 워터파크에 가는 등 어딘가에 가서 노는 스타일이 많아졌는데, 굳이 그런 유원지에 가지 않아도 아이들이 즐길 수 있는 놀이는 많다.

아버지는 자신의 어린 시절을 떠올려 근처 공원에서 아이와 놀아줄 수 있다. 구멍을 파고 메우고, 돌을 쌓고 무너뜨리는 등의 놀이를 예로 들 수 있다.

공부 면에서도 아버지와 어머니는 특기 분야가 다른 경우가 많다. 성별이 다른 어른에게 각각 다른 특기 분야를 배우는 것은 아이의 교육에서 가치 있는 일이다.

단, 부모가 자녀에게 무언가를 가르치는 경우, 부모의 특기 분야에 대해서는 주의가 필요하다. 부모는 자기도 모르게 자녀에게 과도한 요구를 하게 되므로, 자녀가 오히려 그 분야를 싫어하게 될 수도 있기 때문이다. 자신의 특기 분야일수록 아이에게는 수준을 낮춰서 알려 주어야 한다.

초등 고학년은 한 번뿐입니다

10. 대부분의 걱정거리는 때가 되면 해결되는 일들이다

좋아하는 일에만 열중해도 괜찮을까?

아이가 좀체 공부를 하지 않는다, 놀기만 한다, 남은 신경 쓰지 않고 자신이 좋아하는 일에만 몰두한다….

주위에서 하나둘씩 입시 준비를 시작하면 '우리 아이만 이렇게 느긋하게 있어도 될까?', '좀 더 압박을 해서라도 제대로 가르쳐야 하지 않을까?' 등의 고민을 하는 부모가 많을 것이다.

하지만 지금은 이대로도 괜찮다. 성장하면서 아이도 자연스레 여물어진다. 입시 준비를 하는 아이와 그렇지 않은 아이의 경우, 학력에 큰 차이가 생기는 것처럼 보이지만 사실 그 차이는 표면적인 것에 불과하다. 아이가 고등학생이 되어 스스로 깨닫고 진심으로 공부하게 되면, 초등학교 시절의 학력 차이쯤은 금세 역전시키기도 한다.

초등학교 때 공부를 잘하고 못하고는 그 정도의 차이다.

인간의 학력은 나이에 비례해 자라는 면이 있어서, 초등학교 고학년 때는 어렵게 느껴졌지만 고등학생이 되자 이해가 쉽게 되는 것들이 아주 많다. 이는 초등학교 저학년과 고학년도 마찬가지여서, 초등학교 저학년 때 몇 시간을 들여서 고생한 것을 고학년이 되면 간단히 해결하기도 한다.

열중하는 힘이야말로
사회에서 활약하는 토대가 된다

그리고 무언가에 열중하는 것은 아이의 성장에서 매우 중요한 일이다. 아이들이 열중하는 것은 거기에 열중해 본 경험이 없는 사람이 보기에는 시시한 시간 낭비처럼 보이기도 한다.

하지만 지금껏 여러 아이를 보아 왔는데, **초등학교 3학년부터 6학년까지의 시기에 무언가에 열중하는 아이는 나이가 들어 분야가 바뀌어도 이 집중력을 이어 가는 면이 있었다.**

사회에 나가 일을 할 때도 혹은 학문을 할 때도 가장 기본은 열중하는 능력이다. 표면적인 학력이 아니라 무언가에 열중하여 매진하는 힘이 그 아이가 세상에서 활약하는 토대가 된다.

무언가에 열중하는 아이는 장난도 잘 친다. 아이의 장난을 생각해 보면, 그 장난에 어떻게 대응하는지도 중요하지만 그와 별개로 장난이 창조성의 증거라고 생각하는 것도 중요하다. 세상에서 새로운 것을 만들어 내거나 발견하는 사람을 보면 그것에 전망이 있어서 시작한 경우는 오히려 드물고, 자신이 재미있어서 하다 보니 우연히 가치 있는 일로 인정받고 세상에서 좋은 평가를 받은 경우가 많다.

장난은 창조성의 증거다

장난은 본질적으로 창조와 같은 것으로, 창조성을 발휘하는 아이는 어느 분야에서든 자기다운 일을 하려고 한다. 그 자기다운 일은 다른 사람이 보기에 불필요한 헛수고처럼 보이기도 한다. 하지만 지금은 시간 낭비 같아도 자기다운 창조를 추구하는 마음은 장래에 도움이 되는 법이다.

누구든 마찬가지겠지만, 나 역시 어릴 때는 장난을 자주 쳤다. 근처 중학교의 운동장에 있는 창고 벽에 사람이 겨우 들어갈 만한 크기의 구멍이 나 있었는데, 그곳을 통해 창고로 들어가면 책상이 빽빽이 들어찬 곳을 미로처럼 빠져나갈 수 있었다. 친구들과 거기서 놀거나 그 창고 2층의 작은 창문을 통해 뛰어내리기 시합을 하고는 했다. 만약 부모님이 아셨다면 분명 하지 못하도록 말리셨을 텐데,

부모님이 모르셨기 때문에 장난이라는 생각도 없이 신나게 놀았다.

어린 시절의 장난 경험은 그것이 도움이 되는지 여부를 평가하는 것과는 다른 의미가 있다. 그것은 그 아이가 자기다운 인생을 살아온 증거라고도 할 수 있다. 시간이 지나면 장난의 부정적인 면은 사라지고, 긍정적인 면만이 남는다고 생각해 두자.

4장

친구 관계와
학교생활

1. '좋은 친구 만들기'보다 중요한 일

혼자만의 시간을 좋아하는 아이는 취미 생활에서 친구 관계를 넓히자

스포츠는 친구를 만드는 좋은 계기 중 하나다. 스포츠에는 승패가 있어서 강한 연대감이 생기는데, 이기고 지는 것이 존재한다는 사실이 인간의 강한 결속력을 낳기 때문이다.

이 친구 관계의 자세는 스포츠 이외의 일상생활에도 적용되므로 스포츠에 열중한 경험이 있는 사람은 처음 만난 사람에게도 스포츠를 함께한 친구를 대하는 느낌으로 다가갈 수 있고, 친구를 만들기 쉽다.

그렇지만 스포츠에는 능력 차이가 있는 탓에 집단 스포츠에 맞지

초등 고학년은 한 번뿐입니다

않는 아이도 있다. 그런 아이는 스포츠에 적합하지 않다는 것이 오히려 한 가지 장점이 될 수도 있다. 혼자서 깊이 생각하는 개인 시간을 소중히 여기므로 독서를 하거나 자신의 취미 세계를 심화시킬 수 있기 때문이다. 이때 개인의 취미 분야에서 이야기를 나눌 수 있는 친밀한 친구를 만들 수 있다.

그 점에서 인터넷의 이용은 같은 취미를 가진 친구를 찾는 데 도움이 된다. 장소나 연령을 뛰어넘어 자신이 좋아하는 일을 공유할 수 있는 친구가 있으면, 거기서 인간관계를 배울 수 있다.

아이에게 인터넷 이용을 금지하는 가정도 있겠지만, 개성적인 취미를 가진 아이에게는 인터넷이 가진 위험보다는 인터넷이 가진 가능성을 고려하여 본인이 인터넷을 이용해 정보를 수집하고, 친구를 찾을 수 있는 기회를 만들어 주면 좋을 듯하다.

아이가 위험한 사이트를 보거나 개인 정보가 유출될 것을 걱정하는 사람도 많은데, 아이와 사용법을 상의하면서 어느 정도 아이의 자유의사에 맡겨서 자신의 취미 세계를 넓히게 하면 어떨까 싶다. 아이이기 때문에 탈선의 위험이 다소 있다고 해도 그 탈선이 확대되지 않도록 하면 된다고 생각해 두자.

자기중심적인 아이는
친구가 생기기 어렵다

그런데 친구 관계란 그저 스포츠를 통해서, 또는 취미 교류를 통한 방법만으로 생기는 것은 아니다. 좋은 친구 관계의 바탕에는 자기 자신이 상대방에게 좋은 인간이 되겠다는 마음이 있어야 한다. 그리고 그 좋은 인간의 기준이란 자기 자신의 이익과 동일하게 상대의 이익을 생각한다는 것에 있다.

세상은 그 사람의 인간성을 바라보곤 한다. 누구도 보지 않는 것 같지만 어려움에 처한 사람을 남몰래 도와주거나, 길에 떨어진 쓰레기를 주워서 쓰레기통에 버리는 등의 작은 행위를 아는 사람이 반드시 있고, 그것이 그 사람의 인간성 평가로 이어진다. 그러므로 부모는 아이가 좋은 친구를 만드는 것을 생각하기 전에 아이가 친구에게 도움이 되도록, 자기 생각만 하지 않는, 행동하는 아이로 키울 생각을 해야 한다.

친구 관계가 원만하지 않은 아이들의 대부분은 타인을 기쁘게 하는 일보다는 자신이 기쁜 일을 먼저 생각하는 면이 있다. 자기중심적이다, 제멋대로다, 자기 자랑만 한다는 이야기를 듣는 동안 친한 친구를 만들기란 쉽지 않다. 좋은 친구 관계를 만들기 위해서는 좋은 인간이 되어야 하며, 그것이 늘 상대방을 배려하는 마음을 갖는 것임을 알려 줄 수 있는 사람은 부모뿐이다.

초등 고학년은 한 번뿐입니다

상대방을 배려하는 윤리관은 아이의 친구 관계의 기초가 된다.

어느 날 초등학생 여자아이가 무언가 장난을 쳐서 학교 선생님에게 야단을 맞은 적이 있었다. 그러자 다른 여자아이가 자신이 혼이 난 것도 아니고, 선생님에게 장난을 친 아이로 여겨진 것도 아닌데 이렇게 말했다고 한다.

"나도 같은 행동을 했었고, 저 친구만 야단을 맞는 것은 옳지 않으니 선생님께 나도 그런 적이 있다고 말씀드리고 와야겠어."

이런 정직한 자세는 분명 그 아이의 다른 행동에서도 드러나는 법이다. 그런 삶을 사는 아이는 자연스레 신뢰할 수 있는 친구들이 늘어난다. 좋은 친구를 만들고 싶다는 생각부터 할 것이 아니라, 자신이 좋은 인간이 되어야 한다. 그것이 출발점이 되어 그 결과로 좋은 친구가 생긴다고 여기는 것이 중요하다.

2. 이 시기 아이들의 친구 관계

지나친 장난도 함께할 수 있어야
진짜 친구라고 생각한다

초등학교 저학년까지는 선생님의 말씀을 잘 듣는 것이 좋은 일이지만, 고학년이 되고 몸집이 커지면서 자신의 생각을 주장할 수 있게 되면 선생님을 따르는 아이가 반대로 약한 아이 취급을 당하기도 한다.

아이들 간의 인간관계에서는 선생님 말씀을 잘 듣는 아이보다 반항하는 아이가 자신들의 리더로서 적합하다는 느낌이 생긴다. 그러면 선생님께 칭찬을 자주 듣는 아이는 오히려 친구들에게 약한 아이로 여겨진다. 인류는 오래전부터 강한 자를 따라 안전을 확보하려는 시대를 거쳐 왔다. 이에 아이들 역시 기성 권위에 따르지 않는 아이

초등 고학년은 한 번뿐입니다

가 자신들의 리더로 적합하다고 느끼는 것이 아닐까 싶다.

초등학교 고학년 아이들에게는 지나친 장난이라도 함께할 수 있는 아이가 진짜 친구라는 느낌이 있다. 이 무렵의 아이들은 장난이 심하다. 함께 장난을 치고 함께 야단을 맞으면서 동료 의식이 싹튼다. 아이들의 성장 단계는 처음에는 어른인 선생님이나 부모를 자신들의 기준으로 삼지만, 점차 친구 관계가 행동 기준이 되며, 나중에는 친구들 너머의 자기 자신이라는 존재가 행동의 기준이 된다.

초등학교 고학년 때는 어른을 잘 따르는 아이는 모자라고, 어른에게 반항하며 친구들과 어울리는 아이는 멋지다는 막연한 생각이 아이들 사이에 자리하고 있다. 하지만 성숙한 아이는 친구들의 의향과 달라도 자신의 생각을 관철하는 자기를 확립시킨다.

싸우는 것과 지지 않는 것의 중요성을 알려 주자

특히 남자아이는 성장기에 강해지고 싶어 하는 시기가 있다. 그것은 모험을 두려워하지 않는 아이라는 의미이기도 하다. 탐험가인 아문센은 나중에 극지의 탐험가가 되고 싶었기 때문에 어린 시절에 바람이 부는 날에도 창문을 열어 두고 잤다는 일화가 있다. 이렇게 자랑하고, 노력하고, 지지 않으려는 마음이 이 시기에 성장한다.

이때 어른은 '강한 아이 육아'를 하면서 동시에 약자에 대한 배려가 필요하다는 것을 알려 주어야 한다. 사실 누구에게나 착하게 대하는 것은 마음먹기에 따라 가능하지만, 강자에 대항해 싸우는 일은 마음만으로는 불가능하다. 그러니 아이에게 싸우는 것과 지지 않는 것의 중요성을 가르쳐 주어야 한다.

'조화'가 핵심이다

여자아이는 특히 인간관계의 조화를 중시한다.

여자아이는 화장실에도 함께 가는 일이 있는데, 그것을 부화뇌동이라고 여기지 말고 자연스럽게 상대방에게 맞추는 마음이 드러난 것이라 보면 된다. 반대로 다른 사람은 신경 쓰지 않는 유형이나 자기 세계에 혼자 빠져 있는 아이는 그 자체는 특별히 문제라고 할 수 없지만, 친구와 관계를 만들기는 어렵다.

아이는 누구든 발전하는 인생을 보내고 있으므로 친구 관계에서 여러 가지 실패와 성공을 경험하면서 점차 좋은 인간관계를 구축하게 된다. 하지만 그 실패를 줄이기 위해 부모가 조언해 줄 수 있는 부분은 적지 않다. 이때 친구와의 조화를 방해하는 행동으로는 다음과 같은 것들이 있다.

너무 자랑하지 말고,
'하지만'이라며 금방 반론하지 않기

첫 번째는 과도한 자기 자랑이다.

능력이 있는 아이 중에는 남들 앞에서 자랑을 심하게 하는 경우가
더러 있다. 자랑한다는 것은 암묵적으로 상대방을 내려다본다는 뜻
이므로, 그런 아이는 친구 관계를 만들기 어렵다. 가령 누군가가 무
언가에 매진하다가 "겨우 해냈어!"라고 기뻐하면 "우아, 잘했다"라
고 해 주면 될 일인데, "나는 진즉에 다 했지"라고 말해 버리는 아이
가 해당한다.

두 번째는 '하지만'이라며 금방 반론을 제기하는 일이다.

머리가 좋은 아이는 무언가 이야기를 듣다 보면 금세 반대 의견을
떠올린다. 상대방의 이야기 중 좋은 점만 존중하면 되는데, "하지만
이런 것도 있어"라며 금방 떠오른 것을 말하게 되면 그것이 옳더라
도 상대방의 기분은 좋을 리가 없다.

의견을 나누어야 하는 상황에서는 옳은 말을 분명하게 하는 것이
중요하지만, 일상적인 잡담에서는 테니스나 탁구의 랠리처럼 이야
기가 이어지는 것에 의미가 있다. 반론도 이야기를 계속할 수 있는
즐거운 반론으로 말할 수 있는 궁리가 필요하다. 또한 이에 관해 부
모가 그 자리에 없는 사람의, 예를 들어 정치가나 선생님, 이웃 사람

의 험담을 하면 아이는 그런 험담을 하는 발상을 금방 따라 한다.

가급적 늘 매사의 좋은 점, 밝은 점을 보고 말하는 것이 중요하다.

기분 나쁜 표정 짓지 않기

세 번째는 기분 나쁜 표정을 짓지 않는 일이다.

'언어의 숲'에 다니는 아이들 중에도 가끔 기분이 안 좋은 듯한 얼굴인 아이가 있다. 집이나 학교에서 무언가 마음에 들지 않는 일이 있었을 때는 당연히 기분이 안 좋을 수 있다. 그런데 그것을 남들 앞에서 드러내지 않는 배려가 필요하다. 기분 나쁜 표정으로 있는 것은 자기중심적이며 주변 사람의 기분을 생각하지 않는 일이기 때문이다.

이러한 태도는 나이가 들고 사회적인 지위가 높아질수록 더 중요해진다. 그것이 그 자리의 분위기를 좌우하기 때문이다. 가정에서는 부모가 모두 기분 좋은 상태로 지내는 것이 중요하다. 또 아이에게는 남들 앞에서 항상 밝은 표정으로 생활하도록 가르쳐야 한다. 왜냐하면 밝은 얼굴로 있는 것은 마음만 먹으면 누구나 할 수 있는 일이기 때문이다.

초등 고학년은 한 번뿐입니다

3. 따돌림을 당하면 빠른 대처가 중요하다

우선은 아이 스스로 해결하게 하기

따돌림을 당하면 피하는 것이 첫째고, 둘째는 싸우는 것이다. 이때 이 싸움은 빨리 시작하는 것이 중요하다. 처음에 참다가 중간에 싸우기란 인간에게 쉽지 않은 일이기 때문이다.

우리 집의 큰아들은(작은아들도 그렇지만) 다툼을 싫어하는 평화주의자였다. 유치원 시절부터 친구들에게 무슨 일을 당해도 되갚아 주는 일이 없었다. 그러던 아이가 몸집이 큰 친구들과 어울리면서 그 아이에게 자신이 가지고 있던 장난감을 빼앗긴 일이 있었다. 빼앗겼다고는 하지만 아이들인지라 "이거 좀 빌려 갈게"라고 한 후 줄곧 돌려주지 않는 상태였다.

함께 놀 때 아들이 "○○가 장난감을 빼앗아 가서 돌려주지 않아요"라고 말하기에 늘 ○○이 따돌리는 역할이었던 것을 알던 나는 아들에게 네 힘으로 다시 가져오라고 말했다. 그 결과, 큰아들은 원하지도 않던 싸움을 하여 결국 장난감을 돌려받았다. 하지만 그 후로도 그 아이와 함께 노는 관계는 평범하게 지속되었다.

아이들 간에 문제가 있을 때, 어른이 나서서 해결하더라도 아이들 끼리 해결되지 않으면 결국 동일한 일은 몇 번이고 숨은 형태로 반복된다. 본인들끼리 결론을 내지 않는 한, 따돌리고 따돌림을 당하는 관계는 사라지지 않는다. 부모나 선생님이 잘 이야기해서 따돌림이 없어진 것처럼 보여도 그 따돌림은 숨은 형태로 이어지고 만다.

처음에 참으면
그 후에는 싸울 수 없게 된다

인간은 처음에 지거나 양보하거나 참으면 두 번째부터는 더더욱 싸우지 못하게 된다. 옛날 무사들의 교본이던 《하가쿠레(葉隱)》에는 '내 몸에 관련된 중대사는 앞뒤 생각할 것 없이 해치워야 한다'고 적혀 있다. 행동하기 전에 생각하거나 상의하고 계획을 짜면 결국 패배하게 된다는 뜻이다.

내가 옛날에 즐겨 읽던 후나이 유키오의 책에 따르면, 후나이는

초등 고학년은 한 번뿐입니다

어릴 때부터 싸움을 잘했다고 하는데 그 비결은 절대 "졌다"라고 말하지 않는 것이라고 적혀 있었다. 나는 싸움을 거의 해 본 적이 없지만, 이 '졌다고 말하지 않으면 이긴 것이 된다'는 생각은 살면서 큰 도움이 되었다.

따돌림의 경우에도 따돌림이 시작되는 무렵 상대방에게 자신의 생각을 강하고 정확하게 전달하면 심해지지 않는 경우가 있다. 반대의 경우에는 따돌림이 가속화되기도 한다. 괴롭혀도 저항하지 않을 것이라는 생각은 따돌림의 원인이 되기도 한다. 물론 따돌리는 쪽이 나쁜 것은 당연하지만, 애초에 따돌림을 당하지 않기 위해서는 '건드려서 좋을 게 없다'는 이미지를 심어 주는 것도 필요하다.

부모가 아이 편이 되어 주면 이겨 낼 수 있다

따돌림에 대해 아이가 홀로 싸우기 힘들어한다면 가족 단위로 대응해야 한다. 가족 단위로 대응하는 경우에는 힘 관계 이상의 것을 부모가 고민할 수 있다. 예를 들어 따돌리는 아이를 불러 집에서 생일 파티를 열어 주는 등의 방법이다. 즉 따돌리는 아이를 품어서, 따돌리는 대장보다 부모가 더 큰 존재라는 생각을 심어 주는 방법이다. 따돌리는 대장을 따르던 아이들에게 진정한 대장은 따돌림을 주동하는 아이가 아니라, 따돌림을 당하는 아이의 부모라는 인상을 주는 것이다.

따돌림을 당할 때 해결하지 못하는 경우라도 마지막으로 믿을 곳은 역시 부모다. 어떤 때라도 부모가 아이를 따뜻하게 맞아 준다면 아이는 학교에서의 힘든 마음을 집에서 해소할 수 있다.

따돌림을 당하는 아이는 나름의 약점이 있다고들 하는데, 누구에게나 약점이 있는 법이며 그것을 지금 고치려고 하기보다는 성장 과정에서 자연스레 고쳐질 것이라고 생각해야 한다. 오히려 지금 약점이라고 여겨지는 것이 언젠가 장점이 되는 경우가 무척이나 많기 때문이다.

따돌림을 당한 아이는 상대방의 고통을 이해하기 때문에 관용적인 사람으로 성장한다. 출구가 보이지 않을 때라도 시간이 지나면 분명 해결된다고 생각하는 것이 중요하며, 위인전 등을 읽는 의의도 여기에 있다. 많은 사람들이 젊었을 때 험한 길을 걷는다. 그리고 누군가에게 괴롭힘을 당해 보지 않은 이는 아마 한 명도 없을 것이다. 젊었을 때의 괴로운 경험을 극복하고 이를 견디는 힘을 키워 크게 성장했다고 보면 된다.

4. 따돌리는 아이가 되지 않게 만드는 '사전 교육'

멈추라고 말할 수 있는 용기

다른 아이들을 괴롭히는 사람은 자신이 나쁜 짓을 하고 있다는 자각이 없는 경우가 대부분이다. 따돌림은 또래 의식에서 모두에게 공통되는 인물을 찾아 비난하는 식으로, 혹은 놀림 등에서 시작된다.

사실 이는 어른의 세계에서도 마찬가지인데, 타인을 비판하면서 신이 난다면 그것은 자신의 수준이 낮기 때문이라는 자각이 필요하다. 하지만 아이들에게는 아직 그런 자각이 없다. 그래서 공통적으로 놀리거나 비판할 상대를 찾으면 자신들은 하나라는 의식을 확인하려고 한다. 그래서 육아를 하면서 중요한 것 중 하나는 아이에게 다른 사람의 험담을 하지 않게 하는 것이다. 아이가 누군가에 대해 나쁘게 이야기하면 부모는 "그 사람도 나름의 사정이 있을 테니 그

점을 생각해 주면 좋겠다"라고 조언해야 한다.

　　많은 아이들이 한 아이를 놀릴 경우, 놀림의 상대가 계속 바뀐다면 그건 놀이의 일종이니 큰 문제가 안 된다. 처음에는 A가 모두에게 놀림을 받고, 그다음에는 A가 B를 놀리더니, 옆에서 웃고 있던 C를 다 같이 놀리는 식의 유동성이 있다면 보통의 친구 관계다.

　　문제는 놀림이 한 아이에게 집중되는 경우다. 그때 그 아이를 안쓰럽게 여기는 아이가 놀림을 멈추라는 말을 용기 있게 하는 것이 중요하다. 따돌림을 말리려다가 본인이 따돌림의 대상이 될 수 있다는 말을 듣겠지만, 그렇다고 문제를 피한다면 세상에서 좋은 일을 할 수 없다. 단 한 명일지라도 괴롭힘을 멈추라고 말하는 용기를 가져야 한다. 자신은 따돌림을 당하지 않으니 다행이라고 여길 것이 아니라, 따돌림을 멈추게 하는 적극적인 자세가 필요하다.

　　세상에 나가 보면 불합리한 일이 넘쳐 난다. 그런데 단지 참기만 하는 사람이 많아지면 불합리한 일은 사라지지 않지만, 멈추려는 사람이 늘어나면 사회는 자연히 좋은 쪽으로 바뀐다. 마틴 루터 킹 목사가 목소리를 높이지 않았다면 흑인은 지금도 미국에서 인권을 인정받지 못했을지 모른다. 가만히 견디는 사람이 아무리 늘어나 봤자 세상은 좋아지지 않는다. 그리고 이러한 것들을 아이에게 어린 시절부터 이야기해 주는 것이 중요하다.

　　　　　　　　　　　초등 고학년은 한 번뿐입니다

'안 되는 건 안 돼' 라고
반복해서 주입시키기

모든 어려움은 자신을 성장시켜 주는 경험이다.

따돌리는 쪽도 따돌림을 당하는 쪽도 모두 성장 과정의 미숙한 인간이라고 생각하고, 그 미숙함을 경험을 통해 점차 성장시키는 것이라는 인간의 커다란 성장 흐름으로 보는 것이 중요하다. 따돌린 쪽도 따돌림을 당한 쪽도 그 따돌림의 관계를 고정시켜 보지 않고, 둘 다 어떤 계기로 인해 우연히 그런 관계가 생겨난 것이며, 그것은 서로의 성장을 통해 언젠가 극복할 수 있다고 여겨야 한다.

따돌리는 것도 따돌림을 당하는 것도 어린아이들이 자주 넘어져 다치는 것과 다르지 않다. 몇 번이고 넘어지다 보면 점차 넘어지지 않게 되는 것이 인간의 성장이다.

그러려면 사전 교육을 통해 아이가 어릴 때부터, 즉 따돌림의 관계가 생기기 전부터 친구를 따돌리는 행동은 안 된다는 사실을 가르쳐야 한다.

다음은 옛날 에도 시대에 아이들을 교육하던 조직에서 쓰던 자료의 내용인데, 하나의 모범으로 참고할 만하다.

하나, 연장자의 말에 등을 돌려서는 안 된다

둘, 연장자에게는 인사를 하지 않으면 안 된다

셋, 허언을 해서는 안 된다

넷, 비겁한 행동을 해서는 안 된다

다섯, 약자를 괴롭히면 안 된다

'안 되는 것은 안 된다'고 하는 것이 중요하며, 남을 괴롭혀서는 안 된다는 말에 이유는 필요 없으니, 어릴 때부터 계속 가르치면 아이는 남을 따돌리거나 괴롭히지 않는다. 그 말을 하지 않으면 성장 과정에서 남을 따돌리고 괴롭히는 사람이 되어 버리기도 한다.

5. 등교를 거부하는 아이는 억지로 학교에 보내려 하지 말자

나 역시 교실에 앉아 있는 것이 고역이었다

나는 학교를 별로 좋아하지 않았다. 초등학교 때는 늘 창밖의 교정만 바라보며 참새는 자유로워서 좋겠다고 생각했다. 무엇보다 선생님의 이야기를 듣는 것이 따분해서 견디기 힘들었다. 직접 나서서 무언가를 하지 않고, 그저 다른 사람의 이야기만을 듣는 시간이 지루하기 짝이 없었던 것이다. 그래서 교과서의 모든 페이지에 낙서를 했다. 시험이 있을 때는 오히려 기뻤다. 시험을 볼 때는 내가 직접 무언가를 할 수 있는 시간이었기 때문이다. 이런 경험상 아이는 스스로 무언가를 하고 싶어 하는 존재이며, 결코 남이 가르쳐 주는 것을 좋아하지 않는다는 확신이 생겼다.

가르쳐 주는 내용은 모두 교과서에 쓰인 내용이니, 직접 읽어 보며 이해하면 되고, 모르는 부분만 물어볼 사람이 있으면 그만이라는 생각이 언젠가부터 내 학습관의 토대가 되었다. 그것이 바로 지금 진행하는 자기 주도 학습반의 원점이다.

작문도 다르지 않다. 작문은 타인의 눈으로만 평가할 수 있다는 사정상 독학이 어렵지만, 그래도 선생님이 일방적으로 평가하는 것이 아니라 아이가 스스로 쓴 것을 자기 나름대로 평가할 수 있도록 하고 싶은 마음에, 표현 항목을 중심으로 한 작문 지도를 시작했다. 또 그런 항목 지도의 연장선에서 문장력의 자동 채점 소프트웨어를 만들어 아이들이 쓴 작문을 인터넷으로 보내면 즉각 점수가 나오는 자동 채점 시스템을 만들어 냈고, 이것으로 특허를 받았다.

등교를 거부하고
몇 달간 시골에서 유학한 둘째 아들

인간은 공부든 놀이든 자신의 속도대로 진행하는 것이 가장 좋다. 남이 시키는 대로 하고 평가받는 것은 본디 좋아하지 않는다. 그런데 지금의 학교 교육은 대부분 남이 시키는 것을 얼마나 잘 수행하는지를 가르친다. 그래서 이것에 취약한 아이들이 등교를 거부하고 마는 심정이 충분히 이해가 된다.

우리 집 둘째 아들도 초등학교 4학년의 어느 날 학교에 가기 싫다는 말을 했다. 이유는 반에 공부를 못하는 아이가 있는데, 그 아이가 선생님께 혼나는 모습을 보고 싶지 않다는 것이었다. 나는 그런 이유 때문에 가고 싶지 않다면 가지 않아도 전혀 문제가 없으며, 오히려 안 가는 편이 즐거운 초등학교 시절을 보낼 수 있다고 판단했다. 그 후 몇 달 동안 아이는 홋카이도로 산촌 유학을 떠나 즐겁게 생활했지만, 역시나 부모와 함께 있는 것이 좋다면서 돌아온 후로는 다시 학교에 나가게 되었다. 짧은 기간의 등교 거부였지만, 이는 누구에게나 있을 수 있는 일이며, 또 장기간 계속되는 아이도 있다.

집에서 공부할 수 있는
환경만 마련되면 괜찮다

현재 등교 거부 문제는 개인의 문제라기보다는 사회 시스템의 문제라고 생각된다. 옛날에는 서당의 스승은 아이들이 성장하여 어른이 된 후로도 스승으로 존경받고 사제 관계가 평생 지속되었다고 한다.

하지만 지금은 선생님과 학생이 계속 사제 관계를 유지하기가 어렵다. 특히 중학 교육은 아이를 평가해서 점수를 매기는 일이 교육의 목표인 양 이루어지고 있다.

본래 교육은 아이를 평가하는 것이 아니라 모든 아이를 골고루 성장시키는 것이며, 이를 통해 사회를 좋게 만드는 것이다. 하지만 지금의 교육은 입시가 목적이 되지 않을 수 없는 상황이어서 아이가 좋아하는지 싫어하는지도 모른 채 경쟁이라는 형태로 교육을 받게 되어 있다. 여기에 큰 문제가 있다.

등교를 거부하는 아이에게 중요한 것은 아이가 학교에 가고 안 가고가 아니다. 학교에 가지 않아도 공부를 하는 것, 친구와의 인간관계를 만드는 것, 마지막으로 자기 나름의 규칙적인 생활을 하는 것이 중요하다. '언어의 숲', 온라인 수업에서는 학교에 가지 않는 아이도 늘 밝은 모습으로 참여하고 있다. 학교에 가기 싫어하는 아이에게 등교는 부담스러운 일이다. 또한 중간에 하교하고 싶다는 말을 꺼내는 것도 어려운 일이다. 그런데 온라인 수업은 원래 자신의 집에서 접속하므로 스위치를 끄면 언제든 그대로 내 집에 있는 상태이다.

앞으로 이러한 온라인 스쿨 같은 곳에서 공부하거나 친구들과 교류하는 사례가 늘어나지 않을까 싶다. 등교 거부는 지금의 학교 안에서 해결할 것이 아니라, 새로이 아이들을 수용할 수 있는 체제를 만들어 아이들에게 교육의 본래 목적을 실현하는 방향으로 해결해야 할 문제라고 생각한다.

5장

자립을 향한
중학교 이후의 생활

1. 중학생은 어떻게 될까?

초등학교 6학년과 중학교 1학년은
고작 1년 차이다

초등학교 6학년까지는 자녀를 잘 살펴 주던 부모도 중학생이 되면 본인에게 맡기는 경우가 많다. 중학생이 되면 아이는 부모에게서 자립하고 싶은 마음을 키우게 되고, 초등학생 때보다 부모의 말을 그대로 듣고 따르는 경우가 줄어든다. 하지만 초등학교 6학년과 중학교 1학년은 고작 1년 차이다. 초등학교 6학년 때 스스로 계획해서 공부하지 못하던 아이가 중학생이 된다고 갑자기 계획해서 중간, 기말시험에 대비해 공부하는 일은 일어나지 않는다.

아이는 혼자 하는 데 불안을 느낄 테니, 중학교 3학년이 될 때까지는 부모가 학습 내용을 파악해 두고 자녀에게 그때그때 상황에 맞는 조언을 해야 한다. 중학교 3학년까지의 의무 교육 공부는 특수한 입시 문제를 제외하면 누구나 할 수 있는 내용이므로, 자녀가 중학교에 다니는 동안은 부모가 공부 내용을 파악해 두어야 한다. 또한 공부 내용은 파악하지 못하더라도 시험의 계획 등은 아이 혼자서 세우지 못하는 경우가 대부분이므로, 부모가 시험 일주일 전부터 어떤 계획으로 공부하면 좋을지 상의해 주면 좋다. 그러면 아이는 그 방법을 익혀서 점차 혼자서도 계획을 세워 공부하게 된다.

중학교 3학년까지는 거실에서 공부시키며 부모가 살펴보기

생각만큼 성적이 나오지 않는 교과가 있을 때 단기간에 특단의 대책을 취하고 싶겠지만, 중학생이 되어 성적이 나쁜 경우라면 그것은 오랜 기간 쌓인 문제가 있는 경우가 많다. 그러니 취약한 분야가 있다면 그 분야의 기본적인 공부를 장기간에 걸쳐 실력을 쌓는 형태로 대응해야 한다.

이 장기간의 노력 동안에는 성과로 금방 이어지지 않으니, 아이가 혼자서 꾸준히 지속하기가 어렵다. 가령 영어에 취약하다면 교과서를 소리 내어 읽거나 암기하고, 국어가 어렵다면 문제집 풀기와 독서라는 공부를 해야 한다. 물론 그 공부를 한다고 해서 금세 성적이 오르거나 하지는 않는다. 그러다 보니 아무래도 빨리 점수를 올릴 수 있는 비결 쪽으로 생각이 향하기 쉽지만, 진정한 실력을 기르려면 그렇게 오랜 시간을 들여서 실력을 쌓는 공부를 해야 한다.

수학의 경우, 입시에서는 해법을 이해하지 못하면 풀지 못하는 문제가 대부분이다. 해법이란 어떤 문제는 오른쪽부터 가면 좀처럼 풀기 힘들지만, 왼쪽부터 가면 쉽게 풀리는 식의 풀이 유형을 말한다. 그러니 해법을 이해하는 공부가 아니면 수학 성적은 오르지 않는다.

누구라도 풀 수 있는 문제를 풀 때가 더 즐거운 법이지만, 그런 문제를 아무리 많이 푼들 실력 향상에는 도움이 되지 않는다. 안 풀리는 문제를 반복해서 풀고, 그것을 쉽게 풀 수 있게 되었을 때 비로소 실력이 생겼다고 말할 수 있다.

그런 모든 것을 아이에게만 맡겨서는 충분히 이루어지지 않는다. 그러니 아이가 중학교 3학년이 될 때까지는 공부를 자신의 방이 아닌 거실에서 하는 것을 원칙으로 정할 것을 권한다.

독서 습관은 계속 유지시키기

중학교 시절은 인간이 성장하는 과정에서 장점도 약점도 동시에 발현되는 시기다. 그래서 중학교 2학년까지는 따돌림 등도 많아지는 경향을 보이는데 중학교 3학년, 고등학생이 되면 이런 것들도 자연스레 줄어든다.

중학생 시절은 또래 의식이 강해지는 때이므로, 안 좋은 무리와 어울리다 보면 나쁜 짓을 하게 되기도 한다. 누구와도 교류하려는 자세를 갖는 것은 중요하지만, 나쁜 짓은 혼자서라도 반대할 용기를 가져야 하며 그것은 사전 교육으로 초등학교 시절에 미리 마음에 심어 주어야 한다.

중학교 시절에는 독서를 통해 얻는 것이 많으므로, 아이에게 책을 읽는 습관만큼은 끊어지지 않도록 해야 한다. 지금은 스마트폰을 사용하는 경우가 많아지고 책에서 멀어지는 아이가 늘어나고 있는데, 이 시기에 책을 읽는 생활을 계속하는 것은 분명 나중에 도움이 된다. 독서는 시험공부를 하는 일주일을 제외하고 늘, 매일 하도록 해야 한다.

2. 반항기에도 훈육이 필요할 때는 철저히 가르치자

내면이 성장하면 자연스레 진정된다

반항기는 중학생이 되면서 심해지는데, 초등학교 5학년과 6학년 때도 징조는 나타난다. 빠른 경우에는 초등학교 4학년부터 부모의 말에 반발하고 자신의 의견을 주장하는 일이 늘어난다. 이것은 부모의 권위가 상대적인 것이 되기 때문으로, 자기 내면성이 자라고 반항할 수 있는 스스로를 자각할 수 있게 된 탓이다. 단순한 반발이 아니라, 반발할 수 있는 자기 자신이 있고 당혹해하는 부모가 있다는 것을 알기에 반발하는 것이다. 이는 본인의 내면성이 성숙해지면 자연스레 해소되는 일로, 그 결과가 반항기의 졸업이다.

아이에게 반항은 처음에는 새롭고 가치 있는 일처럼 여겨진다. 아이가 새로운 자신을 만들어 가기 위해 과거의 자신을 무너뜨리는 작업이기 때문이다. 하지만 그 후에 윗사람에게 반항하는 행동을 몇 년 하다 보면 무너뜨리는 것 자체에는 의미가 없다는 사실을 깨닫는다. 그렇게 반항기를 졸업하게 되는 셈이다.

불난 집에 기름을 붓는 격으로 다가가지 마라

반항기는 누구나 언젠가 졸업하기 마련인데, 그 중간 과정이 부모로서는 힘이 든다. 하지만 불난 집에 기름을 붓는 격으로 다가가지는 않되, 이 반항기에도 잘못된 일은 바로잡아 주는 자세를 유지하는 것이 중요하다. 그러려면 부모의 기백도 필요하므로 아이의 반항심을 웃도는 기력으로 아이를 대해야 한다.

'언어의 숲' 통학 교실에서도 초등학교 고학년이나 중학생 사이에서 드물지만 의자를 뒤로 향하게 하고 앉아서 공부하는 아이가 있다. 이런 태도는 막연한 반항심의 표현이다.

그럴 때는 가만히 지켜보면 본인이 앉기에 불편해서 자연히 자세를 바로잡게 되는데, 내 경우에는 반드시 야단을 친다. 이때 어느 정도의 기백은 반드시 필요하다.

신분제 사회에는 반항기가 없었다?

과거에는 아마도 반항이라는 것이 지금 같은 형태가 아니었을 것이다. 신분이 고정된 사회에서는 부모와 자식이 같은 직업을 갖기 때문에 동료이자 사제지간인 관계였기 때문이다.

지금 그런 관계가 되는 것은 한정된 직업이거나, 입시 공부라는 역시나 한정된 상황뿐이다. 반항이란 부모의 권위가 상대적인 것이 됨과 동시에 아이가 과거의 자신을 무너뜨리고 새로운 자신을 만들어 가는 중간 과정이므로 이를 잘 진행시켜 반항을 졸업시키고 스스로를 건설하는 방향으로 향하게 하는 쪽으로 생각해야 한다.

반항이란 아이가 과거의 자신을 부정하고 새로운 자신을 만들려고 하는 중간 과정에서 발생하는 일이므로, 부모가 아이의 자주성을 인정하고 자립을 돕는 자세를 갖는 것은 아이에게 협력하는 것만큼이나 중요하다.

초등 고학년은 한 번뿐입니다

3. 개성을 살려 일하는 어른으로 키우자

메이저를 지향하는 것이 잘 맞지 않는 시대

앞으로의 양육은 개성을 살려 일할 수 있는 사람으로 키우는 것이 커다란 방향이다. 현재는 일본뿐만 아니라 세계적으로 경제 성장이 끝나고 있는 시대다. 재화의 생산을 통한 양적인 성장이 끝난 시대 뒤에는 문화 창조를 통한 질적 다양화의 시대가 도래한다.

지금의 일본에서는 저출산화와 고령화로 인해 사회의 거의 모든 분야에서 양이 늘어나는 전제가 사라지고 있다. 하지만 그만큼 문화적인 질의 다양화가 확대되면 그 다양화가 새로운 성장의 원동력이 된다.

양적 성장의 시대에는 누구랄 것 없이 메이저를 목표로 했지만,

질적 다양화의 시대에는 메이저의 꼭대기가 점차 좁아지고 중간 경쟁이 심해진다. 심지어 그런 것치고는 돌아오는 것이 적어진다.

메이저를 지향하는 것이 점차 수지에 맞지 않는 것이다. 오히려 주류가 아닌 분야가 전망이 있다.

자신의 개성을 살린 일을 찾아내고 만들어 낼 방법을 생각하는 것이 앞으로 인간이 사는 목표가 된다. 이는 사람마다 정답이 다르므로 과거 양적 성장의 시대처럼 누구나 납득할 수 있는 분명한 답이 미리 준비되어 있는 것은 아니다.

장래에 자녀가 행복한 인생을 살려면 그 아이의 개성을 살려 자기 분야에서 일인자가 되는 방향을 지향해야 한다. 그러한 준비로 개성이 중요하다는 감각을 어릴 때부터 길러 줄 수 있다. 하지만 지금 세상에서 도움이 될 것이라 여겨지는 개성은 더 이상 지향하는 개성이 아니고 지나간 과거 시대의 주류였던 것에 속하는 개성인 경우도 많다.

개성을 살린 인생이라고 하면 하나의 예로 사카나 군(일본의 어류학자, 탤런트, 일러스트레이터. 사카나는 일본어로 물고기라는 뜻—옮긴이) 같은 삶을 들 수 있다. 사카나 군의 본 직업은 어류학자인데 학자라기보다 물고기의 매력을 열정을 담아 많은 사람들에게 전달하는 일을 한다.

사카나 군은 아무도 사카나 군 같은 삶의 방식을 모르던 시대에

초등 고학년은 한 번뿐입니다

사카나 군으로 살아왔기 때문에, 개성적인 삶을 살게 된 것이다. 지금 누군가가 나도 물고기를 좋아하니 장래에 사카나 군 같은 사람이 되고 싶다고 한다면, 그것은 더 이상 그리 개성적인 삶이 아니다. 개성은 아무도 평가해 주지 않는 듯한 곳에서 자라는 것이어서, 모두가 인정해 주는 개성은 과거의 개성이다. 그러니 제2의 사카나 군을 꿈꾸는 사람은 언젠가 그를 뛰어넘는 일을 진정한 목표로 삼으면 좋겠다.

조직과 개인의 차이를 없앤 인터넷

지금까지는 다수결, 다수파에 따르는 것이 성공의 비결이었다. 케인즈는 주식 투자를 미인 투표에 빗대어, 자신이 미인이라고 생각하는 사람이 아닌, 모두가 미인이라고 생각하는 사람에게 투표하듯 투자도 그렇게 해야 성공한다고 말했다. 이 사고방식은 언뜻 옳은 것 같지만, 이제 과거형이 되고 있는 다수파의 삶의 방식이다.

앞으로의 개성적인 선택은 곧 다수파의 의견에 따르지 않는 것이다. 그것은 미인 투표에서 미인이 아닌 사람에게 투표하는 것이 아니다. 자신이 좋아하는 사람을 다른 사람이 인정할 만한 미인으로 만들어 가는 것이 소수파의 시대에 성공하는 삶이다.

옛날에는 다수파만이 성공하는 것처럼 보였는데, 이는 정보가 일부에 치우쳐 있었기 때문이다. 커다란 조직이 아니면 올바른 정보를 입

수할 수 없고, 도움이 되는 도구를 사용하지 못하는 제약이 있었다.

하지만 지금은 인터넷으로 많은 것들을 접할 수 있는 시대다. 큰 조직과 개인 사이에 사용할 수 있는 정보와 도구의 차이가 점차 줄어들고 있다. 오히려 롱테일(long tail)을 이용해 자신의 개성을 원하는 사람을 세계 각국에서 끌어들일 수도 있다. 여기서 말하는 롱테일이란 인터넷 시대 이전에는 어느 정도 인원의 상권이 아니면 장사가 성립되지 않았던 것이, 인터넷 시대에는 세계 끝의 단 한 사람이라도 고객이 될 수 있다는 뜻이다.

남들과 다른 일을 하는 시간 만들기

개성을 살린 일을 하려면 아이가 어릴 때부터 학교 공부는 적당히 하는 것을 전제로 하고, 가급적 남들과 다른 것을 가져야 한다는 것을 수시로 이야기해 주어야 한다.

어릴 때부터 자기다운 개성을 소중히 하면 반드시 그 개성의 발전 속에서 부딪히는 것이나 뛰어넘어야 할 것들이 나타난다. 극복해야만 하는 것이 메이저 분야는 아니므로, 모범 답안은 어디에도 없다. 모범 답안이 없는 세계를 한 발씩 극복해 나가면서 그 사람의 개성은 굳건해지는 법이다.

그러려면 작은 개성적인 시도가 필요한데, 어느 정도 안정된 생활을 할 수 있게 된 후에 여유가 있으면 개성을 살리는 것이 아니라, 여유가 없을 때부터 늘 개성을 소중히 여겨야 한다.

공업 제품을 중심으로 한 양적 경제 시대의 자본은 돈이었다. 문화를 중심으로 한 질적 경제 시대의 자본은 시간이다. 들인 시간이 개성이라는 자본이 된다.

이전에 아이의 성장 목표는 학교에 들어가 좋은 회사에 취직하는 식의 막연한 메이저 지향적인 것이었다. 그것이 당분간 계속될지 모르지만, 점차 그 삶의 방식은 막다른 골목에 다다르게 된다. 그것은 경제의 양적 성장이 곧 멈추기 때문이다.

그런 커다란 흐름이 아이에게 전해지므로 아이는 무엇을 위해 공부를 하는지 모르겠다는 말을 한다. 공부는 자신의 인생을 만들기 위한 것이며, 인생은 자신의 개성을 살려 사는 것이라고 명확히 해두면 아이에게 공부를 권하는 것도 설득력을 갖게 될 것이다.

4. 부모가 즐겁게 일하는 모습을 보여 주자

부업을 추천한다

자녀 양육에서 중요한 것은 자녀가 부모의 뒷모습을 보며 자라는 일이다. 자녀의 성장을 보는 생활은 나름대로 충실한 것이지만, 아이는 점차 크고 언젠가 부모 곁을 떠나기 마련이다. 아이는 자신의 인생을 제대로 살고 싶어 한다. 남이 지시하는 인생이 아니라 자기 나름의 인생을 만들어 가려고 하는 것이다. 이때 본보기가 되는 것은 역시나 가까이 있는 아버지, 어머니의 모습이다. 부모님이 자신의 인생을 생각하고 새로운 일에 도전하는 모습을 보여 주는 것이 아이가 커 갈수록 육아의 중요한 요소다.

고도성장기에는 자신이 취직한 회사의 일을 열심히 하고 그 일에 도전하는 것이 많은 이들의 삶의 중심이었다. 하지만 저성장 시대에

초등 고학년은 한 번뿐입니다

는 일을 열심히 하려고 해도 그렇게 할 수 없는 분야가 늘어난다.

이때 생각할 수 있는 것이 바로 부업처럼 스스로 하는 작은 일이다. 아직 다들 알지 못하는 작은 일로 이익을 낳는 분야를 찾아서 개척해 보자. 그런 작은 일을 많은 사람이 하면 하나하나는 작은 이익일지라도 세상 전체로 보면 커다란 이익이 되고 그만큼 사회는 풍요로워진다.

다른 사람에게 가르쳐 주는 일들이 늘어나고 있다

지금은 많은 사람들이 문화적인 부업을 할 수 있는 세상이다. 아이들이 살아갈 미래 사회에서는 지금까지처럼 하나의 회사에 근무하면서 평생을 보내는 경우가 드물어지고, 스스로 시작하는 개성적인 일이 늘어날 것이다. 이때 부모가 비슷한 경험을 해 본 적이 있다면 아이의 장래에 대해 상담 상대가 되어 줄 수 있을 것이다.

분야에 대해서는 기본적으로 자신이 오랫동안 해 온 일을 살리라고 말해 주고 싶다. 인간의 개성은 들인 시간에 비례하는 법이므로, 오랜 기간 쌓아 온 경험 속에는 분명 다른 사람이 갖지 못한 좋은 싹이 숨어 있을 것이다.

또 앞으로의 세상은 많은 사람들이 자기다운 일을 하고자 하는 모습으로 바뀌어 갈 것이다. 그러면 물건을 파는 일보다는 사람에게 무언가를 가르치는 일이 점점 늘어날 것이다. 자신이 어떤 분야에서 성공을 거둠과 동시에 그 성공의 비결을 다른 사람에게 가르쳐 주는 문화 창조와 문화 교육이 세트를 이루는 형태의 일이 앞으로는 늘어날 것이다.

새로운 일에 도전하는 부모가 모범이 된다

에도 시대처럼 과거의 안정된 사회를 보면 향후 일본 사회의 발전 방향을 알 수 있다. 경제 성장이나 사회의 변화가 멈추고, 평화롭고 안정된 상태가 장기간 이어진 에도 시대에는 다양한 문화가 탄생했다. 그중 내가 흥미롭게 생각하는 것은 메추라기 노래 시합 같은 오락이 있었다는 점이다.

고운 목소리로 우는 메추라기는 금은 상아를 박은 새장에서 길러지면서 울음소리에 따라 순위표가 매겨졌고, 메추라기를 운반하기 위한 보자기까지 고안되었다고 하니 이러한 새로운 오락은 얼마든지 생각해 낼 수 있을 것 같다.

앞으로 일본도 대중적인 음악과 스포츠 같은 분야뿐만 아니라, 매우 소수의 사람만이 흥미를 가지는 좁은 분야에서 새로운 문화를 만드는 일이 확대될 것이다. 이 문화 분야에서 부업을 찾는 것이 중요하다. 그리고 개성이란 들인 시간에 비례하니, 처음에는 작은 개성이라도 꾸준히 계속하면 분명 그 분야에서 활약할 수 있는 길이 열릴 것이다.

문화를 만드는 것은 지금은 아직 아무것도 없는 상태에서 시작하는 것이 중요하다. 이미 있는 것을 흉내 내는 것이 아니라, 아직 없던 것을 새롭게 만들어 내는 데에 미래의 가능성이 존재한다. 지금 대중적 스포츠인 축구나 골프, 야구, 농구도 만약 우주인이 그 스포츠를 본다면 지구인은 꽤나 특이한 것을 즐긴다고 할 것이다.

골프가 존재하지 않는 별에서 새롭게 골프라는 스포츠가 생겨나 자리 잡기까지는 오랜 시간이 걸릴 것이다.

이처럼 지금 널리 누리는 문화와 스포츠는 그것을 하는 사람이 스스로 즐기며 오랜 시간을 투자하여 발전하고 확산된 것이다.

또한 일본에는 다양한 문화의 오랜 전통이 있으며, 그 전통 중 몇몇은 단지 기능 습득에 그치지 않고 '도(道)'를 극한에 이르게 하는 방향으로 발전한다. 스스로 새로운 문화를 만들고 그것을 일생의 업으로 삼아 도의 수준으로 끌어 올리는 데 열심인 부모는 분명 아이들에게 매력적인 존재일 것이다.

5. 아이를 자립시키기 위한 사고관

아이가 부모 곁을 떠나는 것을 의식적으로 받아들이자

부모라면 당연히 자녀를 최우선으로 생각한다. 그런데 아이는 반드시 성장하고, 부모에게서 떠남과 더불어 부모도 아이에게서 떠날 때가 온다. 언젠가 그 시기가 온다고 생각할 것이 아니라, 그때를 의식적으로 맞이하는 것이 중요하다. 그러려면 아이에게 손이 안 갈 때쯤 자신의 인생을 걸겠다고 할 것이 아니라, 아이를 키우는 중에도 자기다운 인생을 생각해야 한다. 부모가 자기다운 삶을 생각하듯이 아이도 제 나름대로 자기다운 인생을 꿈꿀 것이다.

부모는 아이가 자신의 뒤를 따라오면 좋겠다고 생각하기 쉽지만, 아이에게는 자신의 인생이 있다. 부모를 모방하는 삶을 살려고 하지

초등 고학년은 한 번뿐입니다

않는다. 물론 가업을 이어야만 하는 사정을 가진 집도 있겠지만, 그 경우라도 아이는 부모가 걸어간 발자취를 그대로 걷는 것이 아니라 새롭게 창조적인 일을 만들어 내려고 한다.

인간의 인생에는 반드시 각자의 주제가 있고, 그 주제는 다른 사람이 가르쳐 주는 것이 아니다. 반대로 주위 사람들이 말리는 어려운 주제에 매달리는 것이야말로 그 사람의 인생 목적이라고 할 수 있겠다.

부모가 자신의 인생을 살면
아이는 자연스레 자립한다

부모가 아이로부터 자립하려면 아이에게서 떨어지는 것을 목적으로 삼지 말고, 스스로 새로운 인생을 만들어 내려고 해야 한다. 무엇이든 너무 늦은 때란 없다. 지금부터라도 생각한 것을 시작하는 자세가 중요하다. 특히 현대는 새로운 정보 기기나 새로운 클라우드 서비스가 계속 생기는 시대다. 그 새로운 활용법을 배우기만 해도 삶이 새로운 방향으로 연결된다.

기준이 되는 것은 자신이 그것을 좋아하느냐 아니냐다. 그것이 다른 사람들에게 인정받는다, 그 일을 이미 하는 사람이 있다, 요즘 인기가 있다, 장래성이 있을 것 같다 등이 아니라 자신이 좋아하는 일로 이익을 내는 시스템을 만들겠다는 발상이 중요하다. 어떤 일이든 이익과 연결 지어 생각하면 머리가 활성화되고 손발도 몸도 잘 움직인다.

욕구가 있는 인간은 늘 활기차다. 그 욕구가 세상을 좋게 만드는 일로 이어지면 더욱 힘이 날 것이다. 노후에는 인지 기능이 떨어지지 않도록 주식 투자를 한다는 사람도 있는데, 주식회사보다도 전체적인 인간의 노력을 필요로 하는 것은 곧 스스로 시작한 일이다. 그런데 나이를 먹은 후에 시작하는 일은 이것저것 생각하다 보니 모험을 하기가 쉽지 않다. 실패가 도움이 되는 것은 역시 젊은 시절의 특권이므로, 가급적 이른 시기에 자기다운 도전을 하는 것이 좋겠다.

필요한 건 돈이 아닌
한발 내딛는 용기다

무언가에 도전할 때 가장 필요한 것은 기술도 노하우도 아니다. 그저 용기만 있으면 된다. 용기를 내서 행동하기 시작하면 기술도 노하우도 나중에 따라오는 법이다. 결코 그 반대의 순서가 아니다.

나이를 먹으면 용기 대신에 돈이나 자격으로 어떻게 해 보려고 생각하기 쉬운데, 그렇게 해서 잘되는 일은 드물다. 모두 용기와 경험을 통해 잘되게끔 만들어져 있기 때문이다. 하지만 만약 잘되지 않는다고 해도 그것은 자신을 성장시키는 길이라고 생각하는 것이 좋

초등 고학년은 한 번뿐입니다

다. 아이에게도 실패가 성공의 어머니이듯이 어른도 마찬가지다.

인간은 이 세상에서 여러 가지 일을 시도해 보기 위해 태어났다고 생각해도 좋다. 그러면 어떤 경험이든 긍정적으로 여길 수 있다. 좋은 결과만 생기기를 바라는 인생이라면 굳이 이 세상에 나온 의미가 없다.

성공도 실패도 포함해서 자신이 경험한 것은 모두 자신의 재산이 된다고 생각하자. 부모가 그런 삶을 살면 아이는 자연스레 같은 삶의 방식을 생각한다. 그것이 부모에게는 자녀로부터의 자립이고, 자녀는 부모로부터의 자립이다.

부모가 자녀로부터 자립을 생각하면서 아이를 부모에게서 자립시켜 홀로 서게 할 생각을 하는 것도 중요하다. 혼자 여행을 보내거나 부모가 동행하지 않은 곳에서 일박을 하게 하는 등 아이가 혼자서 하는 경험을 쌓으면 아이는 부모 곁을 떠나도 굳건히 살아갈 힘을 기를 수 있다. 그 아이의 성장에 지지 않도록 부모 또한 성장해야 한다. 이러한 부모와 아이의 상호 성장이 서로에게서 자립하는 길이라고 하겠다.

6. 돌본다는 자각이 자립을 돕는다

오랜 역사에서 예외적인 개인주의적 생활 방식

자녀는 언젠가 부모의 품을 떠나 자립한다. 그것이 인류의 오랜 성장 방식이었다. 하지만 지금은 부모 곁을 떠나지 못하는 자녀도 많아졌다. 그것은 자녀들이 일할 길이 좁아진 탓도 있지만, 그보다도 현대 사회의 풍조가 더 큰 영향을 주었다.

자녀가 부모에게 의지하는 것이 보통의 부모 자식 관계지만, 자녀가 자립해야 한다는 것뿐만 아니라 나중에는 부모를 돌봐야 한다는 것도 가르쳐야 한다. 기존의 전후 사회에서는 개인주의적인 생활 방식이 좋다고 여겨진 탓에 부모도 자녀도 각자 자신을 돌본다는 생각이 일반화되었다. 핵가족화와 개인주의, 그리고 정부의 복지가 이뤄낸 세트는 서구 사회의 시스템 속에서 생각되어 온 것인데, 그것을 일본 사회에 끼워 맞춘 것이 바로 전후의 사회였다. 그러니 전후 교육을 받아 온 사람들은 대부분 개인은 개인의 이익을 위해 행동하고 타인은 타인이라는 생각을 갖고 있으며, 그것이 마치 인류의 보편적인 원리인 것처럼 생각한다.

하지만 일본의 오랜 역사에서 보면 그런 개인주의적인 삶은 오히려 예외적이고, 대부분은 가족이 서로 돕고 부모가 자녀를 부양했듯이 늙은 부모를 자녀가 부양하는 관계가 성립되어 있었다.

지금은 급여 면에서든 주택 사정 면에서든 그런 가족주의적 사회로 금세 돌아갈 수 없지만, 큰 흐름은 가족끼리 돕는 방향으로 향하고 있다.

자립과 '자신을 위해서만 사는 인생' 은 다르다

앞으로 사회에서 뿔뿔이 흩어진 개인을 정부가 복지 서비스를 통해 돌보는 스타일은 점차 벽에 부딪힌다. 그것은 한때 합리적인 방법인 것처럼 여겨졌지만 지금의 일본 사회 곳곳에서 보이듯 복지에 대한 의존을 낳고, 결국 비용 낭비가 더 많이 발생하는 시스템이 되었기 때문이다.

정부의 역할은 앞으로도 필요하겠지만, 기본적으로 부모를 돌보는 것은 부모 자신이 아니라, 자녀와 지역 주민들이 힘을 합해야 한다고 생각해야 한다. 앞으로는 자녀의 자립을 촉구함과 동시에 자녀가 부모를 돌보게 된다는 것을 미리 이념적으로 이야기해 주면 좋을 것이다.

자녀에게 "장래에 너희가 성장하고 부모가 일하지 못하게 되었을 때 부모를 돌봐야 한다"고 말해 두면 아이는 마음 가는 대로 놀고만 있지 않는다. 자신이 책임지고 부모를 돌봐야 하는 상황이 되면 나름대로 진지하게 생각해서 인생을 선택할 것이다.

그런 말을 듣지 못하고 평생 부모의 도움을 받을 수 있을 것이라 막연히 생각하는 아이는 중학생이 되어도 고등학생이 되어도, 또 대학생이 되어서도 자신의 책임을 생각하지 못하고 자기만을 위한 인생을 살려고 한다.

형제자매 중에서 장남, 장녀는 똑 부러지는데 동생들은 마음대로 사는 경향이 많은 것은 부모가 양육할 때 큰아이가 동생을 돌볼 기회를 주었기 때문이다. 마찬가지로 동생들에게도, 또 외동에게도 지금은 부모가 자녀들을 부양하지만 언젠가는 자녀들이 부모를 부양해야 한다고 이야기해 두면 아이는 자기 인생에 책임을 느끼며 산다.

초등 고학년은 한 번뿐입니다

"엄마가 나이가 들면
네가 대신 책을 읽어 드리렴"

아이는 자연스레 성장하고 자연히 어른이 되는 것이 아니다. 지금의 사회는 언제까지고 부모에게 기대고, 사회에 의지하며 자신의 이익만을 생각하며 살 수 있는 시대다. 그렇기에 더욱 자녀의 책임에 대해 종종 이야기하면서 육아하는 것이 좋다.

내가 어릴 때 마루에서 무언가를 소리 내어 읽고 있을 때, 아버지가 이렇게 말씀하셨다.

"엄마가 나이가 들어서 신문이나 책을 읽지 못하게 되면 네가 그렇게 읽어 드려야 한다."

그때는 내게 그런 역할이 있다는 것조차 몰랐기 때문에 살짝 이상하게 생각했다. 하지만 그 말씀이 여태껏 내 안에 남아 있었던 것처럼, 어릴 때 들은 말은 아이 인생의 방향을 정하기도 한다.

자녀가 어릴 때 이념적인 말을 해 두는 것은 아이의 인생 지침이 된다.

단, 나는 어머니에게도 아버지에게도 책이나 신문을 읽어 드릴 기회가 없었다. 아버지는 만년에 좋아하시던 텔레비전도 시시하다며 보지 않으셨으니, 책을 읽어 드렸다면 정말로 좋았을지도 모른다.

지금은 스마트폰이 있으면 어디에서든 줌(zoom)을 이용해 자유롭게 얼굴을 보면서 대화할 수 있는 시대다. 앞으로 자녀가 부모로부터 자립한 후에 부모와 자녀의 연결고리는 클라우드 서비스를 통해 더 깊어지지 않을까 싶다.

초등 고학년은 한 번뿐입니다

초등 고학년은 한 번뿐입니다

2021년 7월 05일 초판 01쇄 인쇄
2021년 7월 12일 초판 01쇄 발행

지은이 나카네 가쓰아키
옮긴이 황미숙

발행인 이규상 편집인 임현숙 책임편집 김은영
편집3팀 김은영 이수민 교정교열 신진
마케팅2팀 이인규 안지영 이지수 김별
디자인팀 이성희 김지혜 손지원 영업지원 이순복 경영지원 김하나

펴낸곳 (주)백도씨
출판등록 제2012-000170호(2007년 6월 22일)
주소 03044 서울시 종로구 효자로7길 23, 3층(통의동 7-33)
전화 02 3443 0311(편집) 02 3012 0117(마케팅) 팩스 02 3012 3010
이메일 book@100doci.com(편집·원고 투고) valva@100doci.com(유통·사업 제휴)
포스트 post.naver.com/100doci 블로그 blog.naver.com/100doci 인스타그램 @growing__i

ISBN 978-89-6833-324-8 13590
한국어판 출판권 © (주)백도씨, 2021, Printed in Korea